我不在乎你怎么看我

栗凯丽◎编著　李欣怡◎绘

北京日报出版社

图书在版编目（CIP）数据

我不在乎你怎么看我 / 栗凯丽编著 ; 李欣怡绘 . 北京 : 北京日报出版社 , 2025. 8. -- ISBN 978-7-5477-5180-0

Ⅰ. B848.4-49

中国国家版本馆 CIP 数据核字第 2025JV2155 号

我不在乎你怎么看我

出版发行：北京日报出版社
地　　址：北京市东城区东单三条 8-16 号东方广场东配楼四层
邮　　编：100005
电　　话：发行部：（010）65255876
总编室：（010）65252135
印　　刷：三河市刚利印务有限公司
经　　销：各地新华书店
版　　次：2025 年 8 月第 1 版
2025 年 8 月第 1 次印刷
开　　本：920 毫米 ×1260 毫米　1/16
印　　张：12.5
字　　数：110 千字
定　　价：52.00 元

前言

在生活中，你是否也总是陷入这样的内耗之中：

你会尽力去讨好别人，总是因害怕自己不被别人接纳而患得患失；明明很优秀，却常常因为别人的一个否定而陷入自我怀疑；为了满足别人的期待，不敢表达真实的自己，总是郁郁寡欢。

人生只有一次，为什么我们过得如此辛苦？外界的声音和眼光真的这么重要吗？

我们积极迎合别人，我们渴望得到别人的认可和掌声，却忽略了自己内心真正的需求，迷失了自己。所以，我们过得这么小心翼翼，辛苦不堪。

过分在意别人的眼光如同一把枷锁，困住了你我。当我们摆脱掉这个枷锁的时候，生活便会呈现另外一种面貌。我们开始学会倾听自己内在的声音，开始尝试找回迷失的自己。在这个过程中也许充满了挑战，但是我们收获了自己的勇气，我们开始变得洒脱，变得自由。我们身上的光芒逐渐变得耀眼，照亮了我们前行的方向，温暖了周围的世界。

本书会像灯塔一样，指引你走出迷失的浓雾，穿过困惑的荆棘，教你学会拒绝内耗，迎接觉醒的曙光。在这里，你能发现自身力量的强大，能感受到独立带来的自由，能领悟到回归本我的快乐。我们大家最终都能如鲜花般绽放，散发出属于自己的芳香。

这是一场心灵的修行、一次自我发现的探索，希望每一位读者都能从中找到生活的答案，与更好的自己相遇。

目录

第一章　迷失——掉进了他人眼里嘴里

第二章　困惑——在困惑中探索，每一步皆有新意

第七章 回归——喜欢自己，比喜欢世界重要

第八章 绽放——让自己变成一束光

第一章

迷失——掉进了他人眼里嘴里

有人说："在一回首间，才忽然发现，原来，我一生的种种努力，不过只为了周遭的人对我满意而已。为了博得他人的称许与微笑，我战战兢兢地将自己套入所有的模式所有的桎梏。走到途中才忽然发现，我只剩下一副模糊的面目，和一条不能回头的路。"

在人生路途中，我们总是会不经意间就卷入别人的眼光里、言语里，在他人的评判里迷失自我，看不清生活的真相。在这里，我们将一同探索那些让我们迷失的缘由，一起寻回自己的方向。

1

活在别人的眼里，会迷失自己的方向

- 别让他人的看法遮盖了你心底的声音。最关键的是，要拿出勇气去追随内心的呼唤和直觉的指引。

- 人性一个最特别的弱点就是：在意别人如何看待自己。

- 别把他人的看法太当回事，别为了迎合他人的目光而活。我们无须向所有人解释自己，摆正自己的位置，守住自己的原则。做好自己，问心无愧，活在此刻。记住沉默是金。

- 在别人的眼光中寻找自己，结果茫茫然；在别人的赞扬中放大自己，结果飘飘然；在别人的议论中扭曲自己，结果昏昏然。

- 世界是自己的，与他人毫无关系。

▸▸人们可以主宰自己的命运，倘若在生活中我们总是受制于人，那么这并非命运的过错，而是我们自身没有发挥出对命运的掌控力，是我们自己的问题。

▸▸不要把自己的价值寄托在别人的认同上，我们的梦想和热情是独一无二的，无须用他人的赞许来证明。

▸▸别让别人的认同成为束缚自己的枷锁，我们的内心有着无尽的力量，足以支撑我们独自前行。

▸▸我们之所以活得累，其实就是太过在意别人对自己的看法，太想得到别人的认可。然而，生活终归是自己的，要自己与自己比较，自己与自己和解。当我们凡事苦苦向外求索，与外界的烦琐世事纠缠不清时，便会打破原本平静而祥和的心境。

▸▸别让外界的声音掩盖了你灵魂的低语，要勇敢地听从你内心的指引和渴望。

▸▸别把别人的认同当作人生的目标，我们的幸福源于对自己的真诚和对生活的热爱。

▸▸不要太在乎别人的眼光，也不需要别人的认同，你自己才最重要。

- 尊重自己内心的选择，永远不要忘记自己是谁，没有人比你更了解自己。不要让别人的想法决定你的人生。没有你的允许，任何人都伤害不了你。你就是自己唯一的主宰。

- 不要让别人否定的目光，扰乱你的心绪。有人会消耗你，也有人会鼓励你、支持你，给你能量。让自己快乐起来，去做自己想做的人。

- 我们总是活在别人的评价体系里，努力在这个社会上扮演着各种被期望的角色，却总是忽略自己内心真正的渴望。

- 人生最大的自由之一就是：永远不要在乎别人对你的评价。

- 活在自己的热爱里，而不是他人的眼光里。

- 永远热烈，永远心跳，你只活一次，请你做自己。

- 我的人生，不需要你的认同。

- 不被看好的时候，更要变好看。

- 不忘初心、做好自己，不要在乎别人的眼光，加倍珍惜一路上用心帮助你的人。

2

月亮没有错，错的是不能容忍它发光的人

- 心怀忌妒的人往往热衷于探听他人的闲事。他们对别人的事情表现出异乎寻常的关心，并非那些事与自己的利益密切相关，而是妄图从他人的不如意中，寻得一种能让自己感到畅快、满足的愉悦。

- 真正的精神强者必是宽容的，因为他足够富裕。忌妒是弱者的品质。

- 妒忌会让自己与他人两败俱伤。

- 品行卑劣之人，因自身德行远不及他人，便会不择手段地诋毁对方。心怀忌妒的小人在背后对他人的长处恶意中伤，可一旦与那人面对面时，却又瞬间哑口无言。

- 心怀忌妒的人，将自己的时间与精力，全都虚耗在了关注他人的蓬勃发展上。

▸ 从本质上来说，忌妒这种情绪既透着愚蠢，又充斥着蛮横无理。

▸ 忌妒心理就像侵蚀荣誉的蛀虫，若想将其彻底消除，最佳途径便是彰显自己一心追求事业成就，而非汲汲于虚名。

▸ 忌妒是一种憎恶情绪，怀有这种情绪的人，会因他人的幸福而痛苦不堪，会因他人遭遇灾祸而暗自欣喜。

▸ 忌妒是万恶的始作俑者，是侵蚀美德的罪魁祸首。

▸ 忌妒是一种懦弱的自大，理当被人鄙视。

▸ 忌妒就像一团迷雾，让人无法看清自己的价值。它使人盲目攀比，只盯着别人的光芒，忽略自身的优点，进而让自己陷入痛苦与挣扎之中。

▸ 大部分人的忌妒心都潜藏着一份虚伪。他们支支吾吾、指指点点，寻找各种借口编造各种理由，用尽毕生所学，想尽办法地给你扣了个莫须有的罪名，就仅仅是因为他们看不惯你那游刃有余、毫不在乎的样子。

▸ 忌妒就像内心的毒瘤，不断地侵蚀着我们的善良。当我们看到他人成功时，心中就会涌起怨恨，让自己的心灵扭曲，失去了感受美好的能力。

▸ 忌妒如同寒冬的冷风，吹冷了我们内心的温暖和善意。

▸▸忌妒是负面火焰，燃烧善意，
把自己困在痛苦的牢笼中。

▸▸忌妒像是意识的牢笼，将我们的意识困在了狭隘与自私之中。我们看到别人的优秀，不是欣赏而是恶意揣测，最终伤害的只有自己。

▸▸忌妒犹如一种负面的情绪风暴，它席卷而来，摧毁了我们内心的宁静与和谐。我们不要总拿自己的不足与他人的长处相比较，这样会让自己陷入痛苦和自卑之中。

▸▸忌妒慢慢腐蚀着我们的善良和真诚。如果我们不能以平和的心态看待他人的成功，反而心生忌妒，那么这种心态只会让自己的人生充满阴霾。

▸▸忌妒犹如一把锐利的剑，刺伤的不是别人，而是自己的心。我们一味忌妒他人的成就，却不反思自身的不足，最终只会让自己陷入痛苦的循环。

▸▸忌妒就像黑暗的深渊，让我们在对比中失去平衡和快乐，总是眼红别人的生活，却不知珍惜自己所拥有的。

3

耗尽一个人心力的往往是自己的欲望

▸▸ 欲望不满足的人，得一寸想进一尺，就像在香花绿树中游玩的苍蝇。馨香的花朵、甘美的果实，本来可以尽情享受。怎奈不知足的苍蝇偏偏要去吃象耳中流出来的臭水。等到象耳扇动，苍蝇便死在象耳下了。

▸▸ 欲望是人类行动的动力，也是痛苦的根源。

▸▸ 倘若一个人能够有效克制自身的诸多欲望，过着无所求的生活，那么，他才算真正成为了自己的主宰，掌握了自己的命运。

▸▸ 欲望是人类心灵的陷阱，它看似诱人，实则充满危险。只有保持清醒的头脑，才能避免陷入其中。

人到头来真正钟爱的并非自己渴求得到的事物，而是内心滋生的那些欲望。

欲望是人苦难的源头。不可否认，欲望能够带给人一时的欢乐与幸福，然而，这欢乐与幸福的背后却是苦难。乐极易生悲，当所有欲望都得到满足之后，灾难也常常会随之而来。

人的欲望就如同牙膏一样，当它被挤出来之后，就很难再装回去。

欲望是我们内心的一种驱动力，但如果不加节制，它会像脱缰的野马，将我们带入无尽的痛苦之中。

人们总是被自己的欲望驱使，陷入无休止的追求当中，却不知，欲望的实现并不能得到真正的满足，真正的满足是对欲望的超越。

当我们被欲望遮住双眼时，生活的真谛便无法看清。我们只有学会审视和控制自己的欲望，才能找到内心的平静与安宁。

欲望如同火焰，如果不加以控制，就会将自己焚烧殆尽；但如果善加利用，它也可以成为照亮前行道路的明灯。

在欲望的旋涡中挣扎，我们会迷失自我；只有挣脱欲望的枷锁，才能回归真实的自我，发现生命的本真意义。

欲望如果无休止地膨胀，最终会吞噬我们的灵魂，让我们失去对美好事物的感知和珍惜。

欲望是一座难以跨越的高山，只有凭借坚定的意志和高超的智慧，才能到达顶峰，看到更广阔的风景。

欲望犹如那深不见底的深渊，当我们带着好奇与渴望凝视它时，它也正在用那神秘而危险的目光紧紧地回望着我们。我们一旦身陷其中，便难以自拔，直到被其完全吞噬，最终也无法挣脱。

欲望是成就一切的关键，但是过度的欲望却会让人失去判断能力。我们只有保持适度的欲望，才能真正地激发出自己的潜力，实现自己的梦想。

欲望是内心深处燃烧的烈火，它既能成为我们前行的明灯，指引我们追逐梦想；也可能演变成无法控制的烈焰，将我们的理智焚烧殆尽。

欲望是一种动力，它可以推动我们前进，但过度的欲望只会让我们失去自我控制。

- 欲望似风，能鼓起梦想之帆，亦能吹翻生活之舟。在欲望的海洋中航行，要掌好舵，才不会迷失方向，陷入深渊。

- 欲望如魔，诱惑着人们追逐虚幻。若被其掌控，心灵将陷入黑暗。唯有克制欲望，才能保持清醒，拥抱真实的幸福。

- 欲望是束缚灵魂的枷锁，我们只有鼓起勇气，运用智慧与毅力去挣脱它，才能真正拥抱内心的自由。否则，我们将永远被困在这枷锁之中，再也无法感受到生命的轻盈与美好。

- 被欲望支配的人生，仿佛是一场永无止境的奔跑。我们拼命地冲刺却忽略了沿途的风景，忘记了自己内心真正的需求。最终，只剩下身心的疲惫和灵魂的空虚。

- 欲望好比绚丽的泡沫，看似美好却易碎。不沉迷于欲望的幻影，脚踏实地，才能在生活中找到坚实的依靠和真正的价值。

- 人的欲望是无限的，但我们必须明确自己的目标，不然只会让自己更加焦虑和紧张。

- 人的欲望就像繁星，璀璨却遥不可及，在追逐的过程中，往往忘记了脚下的路。

4

在乌鸦的世界里，天鹅也有罪

- 世上没有绝对的对与错，所谓的对错只是基于不同的立场和观点。
- 在这个复杂的世界里，对错并非如黑白般分明，往往取决于我们所处的情境和看问题的视角。
- 对与错的界限常常是模糊不清的，因为每个人的价值观和经验都各不相同。
- 世间的一切是非对错，皆由人来评说判断。只要自己内心认定是对的，就无须在意他人的看法，也别奢望别人能和自己持有相同的观点。
- 生活中的许多事情，无法简单地用对错来衡量，而是需要综合多方面的因素去理解。
- 对错的判断并非一成不变，随着时间的推移和社会的发展，曾经的对可能变成错，反之亦然。

- 世上的事情，并不是只从一个角度去观察，就能够说它是唯一的真理。

- 不要轻易地断定一件事情的对错，因为真相往往隐藏在复杂的表象之后。

- 在纷繁复杂的世界里，对错的标准是多元且动态的，取决于众多难以捉摸的因素。

- 生活是如此多样和复杂，以至于对错的划分常常失去了明确的依据。

- 在探索真理的道路上，对错的标准不断被重新审视和修正，没有永恒不变的定论。

- 不要去追求每一件事都要有答案，千人同茶不同味，万人同道不同心，不同的人对人生有不同的看法，不同的人有不同的活法。人这一辈子，最重要的就是活出自己的样子。

- 这个世间所有的对错，都是人为的定义，都是为了满足对自己人生的某一个要求罢了。你若认同，它对于你的人生就有价值；你若不认同，它对于你的人生就毫无意义。

- **正确的结论每个人最好记在心里。世上本没有绝对好的事，也没有绝对坏的事。**

▸▸ **真理和谬误，正如一切在两极对立中运动的逻辑范畴一样，只有在非常有限的领域内才具有绝对的意义。**

▸▸ 在这个世界上，有人喜欢你，也有人不喜欢你，这实属正常。毕竟，你自身好不好是一方面，而别人喜不喜欢则是另一方面。

▸▸ 不必惧怕会做错什么，就算错了，也无须感到懊悔。人生本就充满对与错，况且有诸多事情，回过头来看，对错早已无关紧要了。

▸▸ 世界原本不存在对错之分，不存在欺骗，不存在谎言，也不存在什么相互对立的东西，有的仅仅是一群为了追寻人性而执着不懈的人。

▸▸ 请准许自己成为自己，请准许别人成为别人。

▸▸ 由于角度的差异，不存在绝对的对错，不要在他人的心里塑造自己，也不要在自己的心里勉强他人。

▸▸ 什么是对的、什么是错的，都没有绝对的标准，你的心就是你的标准。

▸▸ 实际上，是非曲直，又有谁能说得清楚？大家不过是各有各的立场，各有各的委屈。

5

解决失望和害怕的方式就是合理期待

- 我们对幸福抱有的过度期待，如同一场破坏力巨大的风暴，将这世间的一切不断摧毁，而摧毁的程度和我们幻想的程度成正比。倘若有人能挣脱这种过度期待的束缚，满足于自己已拥有的，不奢求更多，那么，他便能平安顺利地生活下去。

- 不快乐的原因在于我们自己依恋别人，对别人有期望，希望从别人那里得到快乐。你从来都没有真正得到过快乐，但那个期待一直都在。

- 我们不应该期待他人时刻都能察觉到我们情绪的变化，仅靠保持沉默无法换来他人的帮助。倘若我们有求于人，就应当通过言语清晰地表达出来。

- 等待和希望不会改变任何事情。

- 过度的希望，必然会产生难以承受的失望。

我慢慢明白了我为什么不快乐，因为我总是期待一个结果。

唯有怀揣着适度的期待，才更有机会触碰到极致的幸福。

在人生的旅途中，我们总是过分期待，期待梦想成真，期待爱情美满，期待事业成功。然而，过度的期待常常会成为一种负担，让我们的心灵备受折磨。

期待，就像是海市蜃楼，看似美好却虚幻无常。我们常常将自己的幸福和满足都寄托于未来，期待着未来能带给我们所有渴望的东西。但现实往往是残酷的，期待越多，失望可能就越大。

我们不要让期待束缚自己的手脚，要勇敢追求自己的目标。

我们不要期待一蹴而就，因为成功需要持之以恒的努力。我们不要期待他人给予幸福，因为幸福掌握在自己手中。

不要期待我们没有付出就有回报，不要期待我们完美无缺，不要期待我们一帆风顺，因为所有的挫折和失败都是成长的催化剂。

人的欲望愈是强烈、愈是贪求自我欲望的实现，其所遭受的苦恼和焦虑愈多。

我们不要期待他人理解自己，因为每个人都有自己的想法和经历。我们不要期待生命中只有阳光没有阴霾，因为这是不完整的人生。我们不要期待无忧无虑的生活，因为那样会让你变得懒惰和软弱。

我们要勇敢地停下盲目期待，不再依赖外界去满足自己内心的渴望，而是从自身寻找力量。我们不要再为了尚未发生的事情而焦虑不安，而是用心去经营眼前的生活，珍惜眼前已经拥有的一切。

我们停止期待，并非对生活失去希望，而是以一种更加平和、坦然的心态去面对未知。我们不再被幻想所迷，而是专注于当下的每一刻，用心去感受生活的真实与美好。

停止盲目期待，未来不可控，期待易成空。把精力放在眼前事，用努力和耐心浇灌，收获的成果远比期待中的幻影更实在、更珍贵。

期待如同虚幻的泡沫，美丽却易碎，停止期待，脚踏实地地面对生活。

不期望那种突然而至的好运，只盼望所有付出的努力都能够得到应有的回报。

当你停止期待，你会发现每一个当下都是一份惊喜，而非失落的根源。

停止期待别人给予，开始依靠自己创造，你会变得无比强大。

6

甩开束缚的小爪子，让自己快乐向前冲

- 把自由当成追求，把束缚视为过客。人生追寻自由，但枷锁时常相伴。真正的自由，源自内心的解脱，不受外界束缚，追寻心中的理想。

- 当你摆脱了束缚，你将不再恐惧。

- 有很多的束缚，不在他人手里，而在自己心中。别人看来微不足道的一件事，在本人，也许已构成了鞘翅般的裹挟。突破是一个过程，首先经历心智的拘禁，继而是行动的惶惑，最后是成功的喜悦。

任何限制，都是从自己内心开始的。

人有时候应该站起来打碎那些正束缚着自己的传统习惯的锁链。

总是觉得，自己像个华丽的木偶。背后总有无数银丝，操纵着我的一言一行。没有自由，有的只有那无止境的束缚。

每个人的内心都只服从他自己的意志。当你试图去禁锢它时，往往会适得其反，使其获得释放；而当你给予它充分的自由空间时，却意外地发现，它已被你悄然紧紧束缚。

从这一刻开始，我决意让自己挣脱那些束缚的枷锁与虚幻的限制。往后行动皆随心随性，自由自在，成为掌控自身的绝对主宰。用心倾听他人言语，认真思索话语背后的深意。适时停顿、积极探索、欣然接纳、深入沉思。我脾性温柔平和，然而内心意志却坚定无比，绝不动摇，定要摆脱任何企图束缚我的禁锢。

勇敢地甩开束缚，告别过去的羁绊。以无畏之心迎接挑战，在自由的天空中翱翔，让生命焕发出璀璨夺目的光芒。

▸▸我体验到一种前所未有的自由与胜利的喜悦，恰似冲破了那无形的桎梏，在不经意间成功获取了令人惊喜的自由。

▸▸人需要不时跳出自我的牢笼，才能有新的感觉、新的看法，也才能有更正确的自我批评。

▸▸假如一股流水，嫌两岸束缚太紧，它只要流、流、流，一直流到海，便没了边界，便自由了。

▸▸世界处处都弥漫着一股焦躁不安的气息，皆因每个人都迫切地渴望挣脱套在自己身上的枷锁，能够重获自由。

▸▸我们常常被外界的压力、传统的观念、内心的恐惧所束缚。然而，我们只有鼓足勇气，毅然地甩开这些束缚，才能真正拥抱自由；我们只有释放出潜藏在内心深处的巨大能量，才能追寻到属于自己的星辰大海。

- 束缚就像是密密麻麻的蜘蛛网，总是试图阻拦我们前进的步伐。但我们不能屈服，不能被困住，我们必须以顽强的毅力和果断的决心甩开这些束缚，让梦想的翅膀在广阔的天空中自由翱翔。

- 生命短暂，我不愿被世俗的枷锁牵绊，我要去追求属于我的自由人生。

- 束缚就如同沉重的铁链，紧紧地将我们的手脚捆绑，让我们无法自由地伸展。但只要我们拥有坚定的信念和无畏的勇气，就能够奋力挣脱这些枷锁。让我们甩开这些束缚，以轻盈的姿态奔向那充满无限可能的未来。

- 我渴望摆脱束缚，勇敢地去追求梦想，让心中的火焰燃烧得更猛烈。

- 沉重的枷锁束缚着我的双翼，我渴望解放自己的心灵，追逐未知的远方，我期待挣脱束缚，展翅翱翔。

- 束缚我们的往往不是外界的枷锁，而是内心的恐惧和不安。

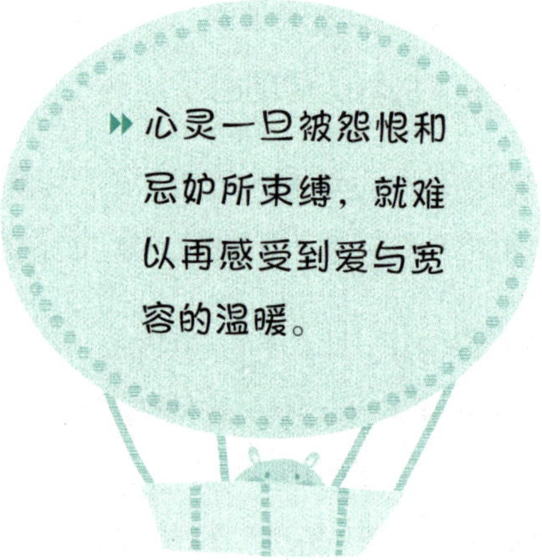

第二章

困惑——在困惑中探索，每一步皆有新意

但丁说："走自己的路，让别人说去吧。"我们常常因为别人眼中的自己感到困惑，否定自己，而忽略了自身真正的价值。

这种困惑就像是重重迷雾，阻挡着我们前行的道路。但正是在这困惑之中，也蕴含了无限的可能，等待我们去探索，我们每一次的突破都将是新生。

1

星空指引，走出彷徨

▸▸我相信，在那浩瀚星群之中，总有那么一颗星，牵引着我的灵魂，穿越那片迷茫未知的黑暗。

▸▸有时候，这星光的海洋似乎已经达到了黑暗的边缘。我满以为，在此之外，已是无边无际的大黑暗了。然而，只要一转瞬，再往上一看，依然是一片星光。

▸▸当你觉得无助和困惑时，仰望星空，你会发现自己的小小问题只是宇宙中微不足道的沧海一粟。

▸▸星星永远闪耀在黑暗之中，就像我们的信仰和希望永远指引我们走出困境。

▸▸玻璃晴朗，橘子辉煌，一颗星星刹住脚，照亮了你我。

▸▸人生没有彷徨，只有坚定前行。

▸▸人生如舞台，彷徨时莫慌张，静候佳音，路自会明朗。

在黑暗之中，哪怕仅有一丝微弱的光芒，也常常能使舵手寻得北极星而修正他航行的方向。

我们仰望星空，仿佛能听到宇宙的低语，它告诉我们，在人生的路途上不要彷徨，星辰会在前方闪耀，指引我们穿越黑暗，走向光明。

在漫长的黑夜里，如果我们的内心被彷徨所占，那么就抬起头，仰望星空，那璀璨的星空会如一位长者，用它智慧的光芒抚慰我们的心灵，带领我们走出迷茫，找到生命的方向。

每当彷徨的阴霾笼罩在我的心头，我便会仰望那辽阔的星空。它犹如一座永恒的灯塔，照亮我前行的道路，驱散我内心的恐惧和迷茫，引领我走向未知但充满希望的远方。

彷徨只是心灵暂时的迷失，让我们静下心来，倾听内心的声音，借鉴他人的经验，以坚定的信念，走出这片迷茫。

当夜幕降临，星空展现在我们眼前时，那无数闪烁的星辰仿佛是上天洒下的希望之光，它们用无声的语言告诉我们，不要害怕，只要跟随它们的指引，就能走出彷徨，找到属于自己的真理之路。

当未来的方向变得模糊不清时，我们不妨抬头望向那片浩瀚的星空。它用点点星光为我们编织出一幅梦想的地图，引领我们走出困境，迎接新的曙光。

彷徨如同黑夜的迷雾，让我们迷失自我。但只要我们仰望星空，那璀璨的星河就会化作一把神奇的钥匙，打开一扇光亮之门，引领我们穿越迷雾，走向光明的彼岸。

星空是宇宙的诗篇，它用那璀璨的光芒为我们谱写着鼓舞人心的乐章。让我们倾听这来自星空的旋律，跟随它的节奏，摆脱彷徨的束缚，向着梦想的星辰展翅翱翔。

我们都有过困惑无措的时候，都曾于生活的纷扰中慌了心神。但终会有那么一束星光，驱散我们的无措，呵护我们的心房。

彷徨并不可怕，可怕的是我们失去了对抗的勇气。让我们勇敢地面对未知，勇敢地接受挑战。让我们用坚韧不拔的毅力和乐观向上的精神，冲破彷徨的枷锁。

彷徨是我们成长的插曲，在这段时光里，我们要调整好心态，认真地审视过往，谨慎地规划未来。让我们告别彷徨，以全新的姿态迎接新的生活。

不要让彷徨消磨了我们的意志，而要将彷徨视为磨砺的机遇。让我们在彷徨中反思，在挫折中成长。让我们用智慧和汗水开辟出一条属于自己的光明之路。

我们彷徨之际，不妨放慢脚步，感受身边的美好。从自然中获取力量，从生活中发现温暖。让我们带着这份力量和温暖，勇敢地走出彷徨。

2

自卑溢出来就变成了安静与温柔

- 如果你自卑，不要把这视为奇耻大辱。人人都自卑，只是我们战胜自卑的方法不一样。承认自卑是正常的，这就是胜利的第一步。

- 过于自卑无异于自毁，只有打破自卑感这层坚冰，树立强大的自信，生命的火花才能发出耀眼的光芒。

- 一个有自卑感的人必须自己首先挺起腰板，旁人才能平等待他。

- 我们每一个人都存在着不同程度的自卑感，因为我们都想让自己变得卓越，让自己过上更优质的生活。

- 轻微的自卑感，也许是激人奋发的要素；但强烈的自卑，却使人难以振作。

让我们萌生出自卑心理且干扰到我们日常生活的，并非意识到自己在技能或知识储备上有所欠缺，而是那种自认为低人一等的感受。

我们这一辈子，总是要看到很多比自己优秀得多的人。如果你看到的总是比你差劲的人，那你就要反思一下自己的生活状态是不是在不断地沉沦？如果你在前进的过程中，经常遇到让你仰望的人，那么恭喜你啊，你是在不断的进步中。你会自卑，不过这种自卑是可以化成动力的。

我们身处与他人紧密相连的社会网络中，倘若被自卑驱使而选择自我孤立，无疑是将自己推向绝境。唯有跨越内心的自卑，才能寻得生活的出路。

若自觉有所短而存在着自贱的心理，便是自甘永居卑下的地位，所得到的结果是颓废，不是进步。

如果你对自己都没有信心，那么很少有人会对你有信心。胜利终将属于那些相信自己能够成功的人。

永远不要怀疑你的价值、力量，摆脱自卑，你值得拥有这个世界上的每一个机会。来追求和实现你自己的梦想吧！

▸▸人从来没有十全十美的，我们没必要苛求自己，也没必要做无谓的对比。接纳自己、原谅自己的不完美、爱自己，才能让我们从内而外地甩掉自卑。

▸▸让我们摆脱自卑，不再因他人目光而自我否定，让我们发掘自身闪光点，以谦虚之态前行。让我们用温柔的心对待世界，不骄不躁，如春风拂面。让我们相信自己的价值，以自信之姿拥抱生活，让人生绽放光芒。

▸▸你总是揪着自己身上那些微不足道的小瑕疵不放，继而陷入失落与自卑的情绪中。可你要知道，你同样浑身散发着光芒，性格温柔又惹人喜爱，并且始终在为蜕变成更优秀的自己而不懈努力。所以呀，别再忧心忡忡，放平心态，你会一步步靠近更美好的自己。

▸▸让我们告别自卑，拥抱自信的自己。让我们以谦虚为桨，在知识海洋中探索；用温柔作帆，在人际交往中航行。让我们不再自我贬低，学会欣赏优点。用谦虚收获智慧，以温柔赢得尊重，让生命之舟驶向幸福的彼岸。

▸▸当你开始学会放下那些不必要的自卑时，你会发现，生活其实充满了无限可能。你可以更加自信地去追求自己的梦想，去尝试新的事物，去遇见更好的自己。

▶▶ 你不必和他人比较，因为你就是独一无二的存在。你的光芒，也许在自己未察觉的角落正悄悄绽放。相信自己，战胜自卑，你值得拥有世间所有的美好。

▶▶ 我们每个人都有自己的闪光点，虽然你的光芒被自卑的阴霾遮住了。但是别怕，勇敢地拨开云雾，让那璀璨的光芒照亮你的人生。你要相信你是无比珍贵的，你能战胜一切自我怀疑。

▶▶ 我曾经在自卑中迷失，奋力挣脱，终于觉醒了。我培养出了谦虚的品质，我从不炫耀、从不浮夸。我展现出了温柔的魅力，我从不冷漠、从不尖锐。我摆脱了自卑的阴影，用温柔的心包容了万物，让生活充满希望与爱。

▶▶ 不要让自卑束缚了你飞翔的翅膀，你有着无限的可能等待被发掘。给自己一个大大的拥抱，告诉世界：我能战胜自卑，我要绽放属于我的光芒。

3

不够真诚是危险的，太过真诚是致命的

- 以真诚待人，并不是为了要别人也以真诚回报。如果动机是以自己的真诚换回别人的真诚，这本身已不够真诚。真诚是晶莹透明的，它不应该含有任何杂质。

- 虚伪的真诚，比魔鬼更可怕，诚实才是心灵的守护者。

- 人际关系中最重要的，莫过于真诚，而且是发自内心的真诚。真诚是一把万能钥匙，走到哪里都应该带着它。

- 做人太真和太假，都不容易找到朋友吧？你以为率真是好的，太真却常常伤到别人；你以为假是保护自己，太假却也卑微了自己。

- 真诚是使一个人伟大的最根本的力量，它能让一个人的缺点或过错也变得容易被包容。

- 真正的真诚必然伴随着平等。平等是友爱的唯一可靠的基础，而友爱又给平等的感情增添更美丽的光彩。

▶▶一个诚实的人，无论他有多少缺点，与其交往时，内心都会感到舒畅。这样的人，必定能寻得幸福，在事业中有所建树，这是因为他以真心待人，他人亦会坦诚相待。

▶▶唯有真诚，才能心心相印。诚信，仰不愧于天，俯不怍于人。诚实，胜过珍奇的瑰宝。

▶▶诚就是平实、自然。文章的基础，友情的基础，都是建立在自然平实之上。

▶▶在人与人的关系中，真实、赤诚与正直是人生幸福的关键因素。

▶▶真诚是有区别的，可以分成建设性的和破坏性的两种。愿每个人从此都更多更丰富地向这个并不美好的世界，贡献我们建设性的真诚。

▶▶不够真诚是危险的，太真诚则绝对是致命的。

▶▶诚实是做人的起点，也是做人的归宿。

▶▶我曾经毫无保留地捧出那颗真心，倾尽热情与坦率，不曾想到，我的过分真诚，在他人眼中却成了一种负担。

▶▶我们在茫茫人海中找到那些真正与我们心灵相通的人，靠的就是真诚，以真诚待人，收获的必定是真挚的情谊和无尽的信任。

▸▸ 如果真诚缺失，会引起人心背离，危险丛生。但如果我们毫无遮掩地付出真诚，可能会使自己陷入万劫不复之境。所以，我们要把握真诚的尺度，做到真心且智慧，才能在尘世中安然处之。

▸▸ 人际交往中，不够真诚会使关系变得很脆弱。可太过真诚又是致命的，易被伤害。学会适度表露真心，根据对象和情境调整，既能真诚待人，又能避免不必要的风险。

▸▸ 如果我们不够真诚，会让我们的关系充满裂痕。如果我们太过真诚，也会让我们受到致命的伤害。所以，要适度坦诚，把握好分寸，这样既不失真心，又能保护自己，这才是处世的智慧。

▸▸ 真诚的力量无比强大，它能融化冷漠的坚冰，能驱散怀疑的迷雾，让人与人之间的关系变得纯粹而美好。

▸▸ 过分的真诚，让我在这世界里像个异类，不顾一切地袒露真心，却往往在现实的冰冷墙壁前碰得头破血流。

▸▸ 有时候，我的真诚炽热得像燃烧的火焰，仿佛要将一切伪装和虚假都焚尽，却未曾料到，这过分的真诚竟也会灼伤自己，让旁人感到无所适从。

▸▸ 真诚是心灵的镜子，反映出最真实的自我，也映照出他人内心的渴望与期待。

4

不被理解的时候，安静下来等待时机

▸ 假如你够豁达，你就应该了悟，人与人之间只能在笑语喧腾的时候，显得亲热，或在一方可以施舍善意，博取慷慨之名的时候，显得仁慈。舍此而外，没有谁会真正分担你心灵上的寂寞。

▸ 我并非那种内心强大到无坚不摧的人，也并不觉得不被任何人懂也无所谓，其实我心里也渴望能有相互理解的人。只不过，对除此之外的人，我觉得在一定程度上即便不被他们理解，那也只能接受，毕竟这是无法勉强的事情。

▸ 有些东西可以被理解，但是从别人那里得到的理解，大多止于理性，难以深入感情。

▸ 我们每一个人于这世间皆宛如一座孤岛，所以只能踽踽独行。即便彼此的身躯近在咫尺，心却远隔天涯，既无法真正洞悉他人的内心，自己的灵魂也难以被他人看透。

▸▸ **别寄希望于他人能全然懂你。他们的误解，实则是对你另一种形式的认可；他们的误解，恰恰成为你独特存在的证明。**

▸▸ 身处不被理解的情景中，内心难免委屈。但此时莫要冲动，安静下来，让情绪沉淀。相信时间会证明一切，耐心等待时机。终有一天，我们的坚持会在恰当的时候绽放光芒，让所有人刮目相看。

▸▸ 我们不被理解时，不必强求认同。这时，我们先安静下来，平复内心的波澜。然后，默默耕耘，等待时机成熟。届时，让我们用事实说话，让那些曾经的误解化作由衷的赞叹。

▸▸ 被人理解是偶然，不被理解是常态，因为每个人都有自己的立场，绝对理解并不现实。我们不追求被理解，只寻找共同点。

▸▸ 当我们面对不被理解时，别慌别乱。先安静地等待，等待并非无所作为，而是在沉默中酝酿爆发。时机一到，我们所有的委屈都将化为成功的基石，让人刮目相看。

▸▸ 我们生活的意义并不是被他人理解，而是我们自己的决定。我们的价值，并不在于他人的评价，而在于我们对自己的认知和努力。

▸▸ 不被理解时，不要愤怒和沮丧，调整心态。在人生的舞台上，时机总是悄然而至。在等待中充实自己，当那一刻来临，以最好的姿态展现自我，让所有的不理解都化为钦佩。

▸▸ 能被理解无疑是幸福的，是我们和这个世界沟通最想得到的结果，但世事又怎能都如我们所愿呢？所以，不被理解才是我们和这个世界朝夕相处的日常。

▸▸ 真正重要的是，我们要学会在有人理解的时候，珍惜这份温暖的力量，而在无人理解的时候，也要坚定自己的步伐，勇敢地向前。

▸▸ 无人懂我，我不悲不喜，安静等待那个能读懂我灵魂的人，在岁月的深处守望希望。

▸▸ 身处不被理解的旋涡，我选择以宁静守候，等待岁月解开误解的结，让真相浮出水面。

▸▸ 世界不懂我，我不怪它。我在寂静的角落里，等待着理解的春风轻轻拂过，唤醒沉睡的共鸣。

- 即便不被理解，我也要如深谷幽兰，独自芬芳，在无人欣赏的角落，绽放出属于自己的绚烂。

- 世界不懂我的色彩，我便在不被理解的黑暗中，点亮自己的光芒，独自绽放，无畏无惧。

- 虽不被理解，我也要如悬崖边的野花，倔强地独自绽放，笑对风雨，拥抱阳光。

- 当周围充斥着误解的声音时，我宛如置身于孤岛。但我坚信，终有一天，会有人穿越迷雾，读懂我的内心。于是，我在孤独中耐心等待。

5

想多了都是问题，做多了都是答案

▸▸ 我们不应该让思考掺杂着想象，因为想象没有能力对事情做出判断。相反，想象只会带来扰乱我们情绪的清晰图像，徒增我们的痛苦，而不会有任何好处。

▸▸ 要做一件事，就不宜把它拿来瞎想，不然想来想去，越想越有味，做事的雄心力气都化了。

▸▸ 凡事都要脚踏实地去作，不驰于空想，不骛于虚声，而惟以求真的态度作踏实的工夫。以此态度求学，则真理可明；以此态度作事，则功业可就。

▸▸ 一个人倘若只是傻愣愣地坐着，一味空想那些无法企及的事物，是毫无意义的。

▸▸ 仅仅停留在空想层面而不付诸行动的人，只会滋生出毫无价值的思绪。成功犹如一架通往高处的梯子，那些双手插在口袋、不愿付出努力的人，是绝无可能攀登上去的。

- 崇高的理念唯有落实于实际行动，方可成就非凡的功绩。
- 应该记住我们的事业，需要的是手而不是嘴。
- 当梦想不再只是脑海中的虚幻想象，而是真正被付诸实践时，它便会被赋予一种神圣而庄严的色彩。
- 时光对于那些只会空想而不行动的人，给予的是痛苦的滋味；而对于积极投身创造的人，则馈赠以满满的幸福。
- 行动是知识特有的果实。
- 我们常常在脑海中描绘着宏伟的蓝图，却总是在现实的岸边徘徊，光想不做，梦想终究只是一场空幻的泡影。
- 我们总是待在舒适区内想做而不做。要想突破原有的界限，只有勇敢地去行动，去发现更多的可能性，才能冲破想象，实现真正的蜕变。

- **过度思考只会徒增我们的烦恼，阻碍前行。相反，如果我们在行动中积累经验，不断调整，那么问题的解决之道便会逐渐清晰。**

▶▶ 想去做却不付诸行动，会让焦虑情绪不断生长。心里惦记着事情却没有进展，会越发觉得压力大。久而久之，不仅事情没做成，还让自己陷入焦虑的泥沼难以自拔。

▶▶ 再简单的事，没有行动，也只会沦为空谈。所有心想事成的人，其实都是行动派。遇事，只想不做，则一事无成；坐言起行，方能接近成功。

▶▶ 想法如繁星般璀璨，行动却如蜗牛般迟缓，光想不做，只能眼睁睁看着机会从指缝间溜走。

▶▶ 脑海中总是假设和担忧，是无法解决实际问题的。只有去做，才能验证想法，找到方向。别让思考成为拖延的借口，积极行动，用成果来回答所有的疑虑。

▶▶ 思绪纷飞，会迷失在困惑之中。不要被想象中的困难吓倒，勇敢地迈出步伐，在实践中摸索，答案自会在努力中揭晓。

▶▶ 有的人想法很多，但从来不落实；有的人渴望展现自己，但机会来时却又变成了胆小鬼；有的人总是半途而废，做事三分钟热度。归根结底，都是缺乏行动力的表现。

- 过度思考，问题愈发复杂。要通过实践去检验、去改进。抛开过多的顾虑，用行动书写属于自己的答案。

- 总是沉浸在美好的设想里，却从未有勇气迈出实际的一步，光想不做，如同拥有翅膀却不敢飞翔。

- 思绪在云端翱翔，身体却在原地沉睡，光想不做，理想永远只是空中楼阁。

- 每一个未曾付诸行动的想法，都是对生命的一种辜负，是对自己最大的欺骗。

- 思考时，问题似山堆积。停止空想，勇敢去做，生活自会给予我们想要的答案。

6

总有人觉得你不够好，也总有人觉得你哪哪都好

- 这个世界，总有你不喜欢的人，也总有人不喜欢你。这都很正常。而且，无论你有多好，也无论对方有多好，都苛求彼此不得。因为，好不好是一回事，喜欢不喜欢是另一回事。

- 世上没有一样东西能合所有人的口味，有的人爱采刺，有的人爱撷花。

- 如果没法让所有人都喜欢，那就算了，我自己喜欢就好。

- 不管是何种声音，总归会有人乐于聆听，正如最难吃的点心对某些人来说也是可口的一样。

- 站在自己的立场上，不是每个人都符合你的胃口；站在他人的立场上，你又何尝符合所有人的胃口？

- 人们的好恶固然多少都有点原因，但多半只是单纯喜欢，说不清理由。

▸▸世上的事真是说不清，有的人对你好，但他没趣，你就是不愿和他多待；有的人明明来损你，但他有趣，你就是爱惦记他！

▸▸世界充满了不同的声音，众口难调。但只要坚守自我，做自己喜欢的样子，无论风雨如何，内心都会充满阳光。

▸▸在生活中，我们无法迎合所有人。有人对你百般挑剔，觉得你一无是处；但也有人满心欢喜，视你如珍宝。不必为前者烦恼，珍惜后者的欣赏。因为你就是你，独特而珍贵，懂你的人自会看到你的闪光点。

▸▸人与人的看法总是千差万别。有人对你吹毛求疵，无论你如何努力都不满意；可也有人无条件支持你，在他们眼中你完美无瑕。别被否定的声音打倒，要为欣赏的目光而绽放，做最真实的自己就好。

▸▸同一部电影，有人喜爱，那必然就有人厌恶；同一道菜，有人钟情，那肯定会有人不喜；同一首歌，有人反复聆听，也有人一次都不想入耳。所以，有人讨厌你，这不是再正常不过的吗？何必强求每个人都对你心生欢喜呢？生活是属于自己的，自己一定要关爱自己。

▸▸世界上总是会有人喜欢你，也总是会有人不喜欢你，这就是人生的一种常态，没有谁能够逃脱这个魔咒，因为世上没有十全十美的事物。人也是一样，也没有完美无缺的，总是有些事情会做得不好，达不到别人的要求。

▸▸不要让别人的喜好捆绑了自己，更不要用别人的评价来贬低自己。最终丧失了快乐和自信，迷失了自我，不值得，没必要。

▸▸有人钟情于玫瑰的娇艳热烈，有人倾心于百合的纯洁素雅；有人痴迷于山川的雄伟壮丽，有人沉醉于溪流的宁静婉约。就如同萝卜白菜，各有所爱，每个人在这纷繁世界中都有着属于自己的独特偏爱，正是这些各不相同的喜好，构成了生活的丰富多样与无限魅力。

▸▸没有必要太过于纠结喜欢还是不喜欢，即使你做事再怎么面面俱到，也总有人不喜欢你，也总有人喜欢你，这就是事实。如果你还是在纠结于别人是否喜欢你，你可以学着接受，接受别人的不喜欢。

▸▸不论别人如何评价你，也不管你是真的好或不好，你都要爱自己，活成真实的自己。不要为了让别人喜欢，而装模作样地去逢迎讨好，有时候就算你费尽力气，也只能换来别人的不屑与轻视。

▸▸这世界众口难调，一千个人眼中有一千个哈姆雷特。何必为了迎合他人而委屈自己？勇敢地做自己，让生命绽放出独一无二的光彩。

▸▸百花齐放，各有其香；千人千面，各有所好。

▸▸桃花红梨花白，各美其美，各有所爱。

▸▸不论别人是否喜欢你，你一定要喜欢你自己。

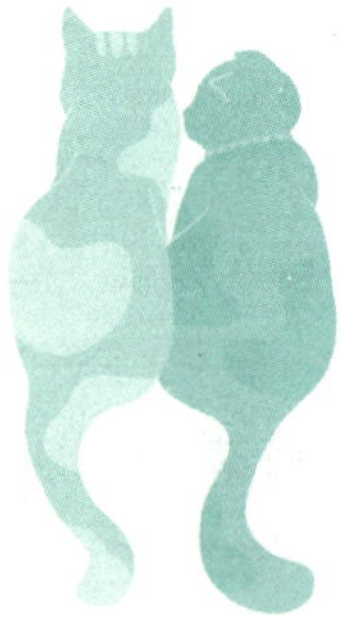

第三章

拒绝——学会拒绝，让生活更简单

太宰治说：“我的不幸，恰是源于我不懂得如何拒绝。我害怕一旦说‘不’，就会在双方心间留下一道难以弥合的伤痕。”人生中大多的不幸是因为我们委屈自己全然接受。

在生活中，有太多不必要的纷扰和负担，侵蚀着我们的灵魂，让我们惴惴不安。此时，我们需要的是学会拒绝，筑起一道心墙，隔离那些消耗我们的东西，让生活回归简单纯粹。

1

如果善良得不到尊重，那就让它长出刺

- 人生一世，当成为心怀善意却有锋芒之人。面对强者，不卑不亢；面对弱者，温柔以待；面对善者，报以善意；面对恶者，坚决回击。必要时刻果断翻脸，才能让他人明确你的底线。

- 不发脾气，只是因为我人好。可惜，善良却往往被以为是懦弱，人好就被欺负。这样看来，偶然还是必须大吼一声，好让对方知道你原来没那么好欺负，你也是有底线、有感觉的。

- 过分善良也是一种傻，付出得太满，别人就会习以为常，甚至觉得理所当然，然后变本加厉地索取。

- 无原则的善良，只会让恶人更加肆无忌惮，让善良失去了原本的意义。

- 善良是很珍贵的，但善良没有长出牙齿来，那就是软弱。

- 真正品德良好的人，他的感情自然、适度，而且真诚，不必有一点约束与造作，但绝不会过分。这样的人不但自己快乐，别人和他在一起，也会如沐春风。

- 过分的善良，有时候会成为一种纵容，让那些不怀好意的人更加有恃无恐。

- 如果善良得不到尊重，那么解决问题最直接的办法，就是翻脸。你若学不会翻脸，就要忍受别人的不要脸。

- 如果我们善良过了头，面对欺骗和伤害，不分对错就选择原谅，只会让别人更加肆无忌惮。这不是善良，是对恶的纵容。

- 余生并不漫长，请一定要给自己的善良增添锋芒。你不必扎人，但身上必须有刺。曾以为，真诚会换来别人的真心，善良也会换来他人的善意。殊不知，毫无底线的善良，只会让那些欲壑难填的人愈发肆意妄为，也会给心怀叵测之人创造可趁的机会。

- 请记住，善良很贵，不能见人就给。真正的善良，也不是一味妥协和委曲求全，而是在照顾好自己的前提下不伤害任何人。

- 善良过头，是燃烧自己去温暖别人，哪怕被灼伤也不吭声。总是优先考虑他人，忽略自身需求，最终成为他人随意支取的“善良银行”。这样的善良失去平衡，只会给自己带来无尽的委屈和伤害。

最好的善良，是量力而行，是遇见世间的冷漠，仍真诚地待人，是少带些锋芒，在复杂的社会保持着初心。往后余生，愿你心存善念，用平和的心态去待人，愿你好好爱自己，在叵测的人心里照顾好自己。

善良过头的人，是在黑暗中独自燃烧的蜡烛，照亮了别人，却耗尽了自己。不懂得为自己保留几分，对不合理的要求也照单全收。这种善良失去了边界，最终只会让自己陷入困境，失去自我保护的能力。

当你变得有棱有角，你的真心拥有了边界，你的善良也有了锋芒，你才能不再寒心和后悔，这个世界才会对你展现出应有的尊重。

你的善良，必须附带锋芒，在那些喜欢你的人那里，拥抱生活；在那些不喜欢你的人那里，洞察世界。

玫瑰好看，但是一定要有刺，过度善良的人，只能任人拿捏。所以请记住，有锋芒的善良，才是最高级的善良。

善良与仁爱皆是不求回报的馈赠，却也并非是可以被轻贱的。你的善良应当带些锋芒，你的爱需要带着理性，擦亮眼睛去认识别人，毕竟并非每个人都有资格承接这份珍贵的善意与深情。

2

不讨好不迎合，虽不讨喜却自由

▸▸用暂时没有朋友的时间，去提升自己的能力，待到时机成熟时，就会有一大批的朋友与你同行。用人情做出来的朋友只是暂时的，用人格吸引来的朋友才是长久的。所以，丰富自己比取悦他人更有力量。

▸▸生活是属于每个人自己的感受，不属于任何别人的看法。无须为了迎合他人而改变自己，不讨好、不迎合，才能活出真实的自我。

▸▸我们每个人都是独一无二的，都有自己的价值和光芒。我们不要试图去迎合别人的标准，不讨好、不迎合，勇敢地绽放出自己的光彩。

▸▸我从不想刻意去迎合谁，因为我知道，真正的欣赏是基于真实和独立，而非讨好与迎合。

▸▸我们只需要展现出真实的自我，我们不必为了掌声而去迎合观众，因为真正的价值来自于内心的坚守和独特的风采。

▸▸不要为了迎合别人的喜好而改变自己，因为你无法讨好所有人。坚守自己的原则和信念，才能走出属于自己的道路。

▸▸走自己的路，让别人说去吧。不要因为他人的眼光和期待而改变自己，不讨好、不迎合，才能拥有自由和尊严。

▸▸不要让自己的灵魂被他人的喜好所左右，保持独立和清醒，不讨好、不迎合，才能拥有真正的灵魂自由。

▸▸真正的强大不是去讨好迎合世界，而是能够在自己的内心世界中找到宁静和力量，不被外界的声音所干扰。

▸▸生活是一场与自己的对话，而不是对他人的迎合。我们要学会专注于自身的成长和进步，不讨好、不迎合，你会发现原来自己的世界如此广阔。

▸▸人生不是一场取悦他人的表演，而是一次自我实现的旅程。放下讨好迎合的心态，拥抱真实的自我，才能抵达心灵的彼岸。

▸▸不要被他人的期待束缚住自己的翅膀，勇敢地飞翔在属于自己的天空，不讨好、不迎合，去追寻真正的自由和梦想。

▸▸不讨好，是一种智慧。不委屈自己，不迎合他人，过上随心自在的生活。

- 人生无须讨好他人，无须迎合世俗。我们每个人都有自己独特的色彩，不必非要模仿他人而失去本真。我们要坚持自己的梦想，勇敢面对质疑。让内心的力量引领前行，让我们在不讨好、不迎合中，书写属于自己的精彩篇章。

- 不讨好、不迎合，是对自我的忠诚。我们不会因为他人的喜好而改变初衷，也不会因为外界的压力而放弃原则。在这充满诱惑的世界里，我们只有坚守本心，做真实的自己，才能拥有内心的平静与满足。

- 不讨好，才能保持内心的纯粹；不迎合，方可坚守个性的棱角。我们不要为了获得认可而委曲求全，要相信自己的独特魅力。在这漫长人生路上，我们只有坚定地走自己的路，不理会他人的闲言碎语，才能活出自我的风采。

- 人生短暂，不必讨好他人。坚守自我，散发独特魅力，让真心欣赏你的人自然靠近。

3

远离内耗，自度自愈

- 不要让过多的思绪困扰自己，专注于当下，你就能摆脱内耗的束缚。
- 内心的宁静，是摆脱内耗的关键。学会放下，才能轻装前行。
- 内耗是一种自我消耗的状态，它让我们在犹豫不决、自我怀疑和过度思考中浪费了大量的精力和时间。
- 人的精力是有限的，别把它浪费在无意义的内耗上。集中精力去做重要的事，才能让自己的人生更加精彩。
- 精神的内耗是人生最大的敌人，它悄无声息地剥夺了我们的快乐和前进的动力。
- 停止内耗，凡事不要想得太多，行动起来，你会发现问题并没有想象中那么难解决。
- 过度的内耗使我们在行动之前就已经疲惫不堪，无法真正地去追求和实现自己的目标。

▸▸ 精神内耗，说白了就是自己心里的戏太多了。言未出，结局已演千百遍；身未动，心中已过万重山；行未果，假象苦难愁不展；事已毕，过往仍在脑中演。

▸▸ 不停地在内心争斗和消耗，就如同在黑暗中摸索，永远找不到出口，也无法感受到阳光的温暖。

▸▸ 内耗让我们陷入自我否定和自我怀疑的旋涡，无法自拔，从而失去了对未来的希望和憧憬。

▸▸ 当心灵被内耗所占据，我们就如同背负着沉重的枷锁，每前进一步都异常艰难。

▸▸ 勇敢地面对内心的恐惧和不安，不再自我怀疑，你将告别内耗，迎接新的生活。

▸▸ 精神内耗就像一场永无止境的暴风雨，在内心肆虐，摧毁了我们内心的宁静和平衡。

▸▸ 过度的内耗是心灵的瘟疫，它会蔓延并侵蚀我们的灵魂，让我们失去生命的活力和光彩。

▸▸ 内耗使我们在琐碎的事情上耗费了过多的精力，从而无法专注于真正重要的事情。

- 被内耗所困扰的人，就像在迷宫中徘徊，找不到出路，也无法享受生活的美好。

- 学会停止内耗，莫让过度的思考消耗我们的精力，也别因未发生之事而焦虑不安。我们要坚定目标，放下纠结，用行动代替空想，以平和的心态面对生活，相信终有一天我们能够战胜内心的犹豫，冲向美好的未来。

- 内耗是心灵上的黑洞，吞噬着我们的能量。我们要想挣脱其束缚，就需要接纳不完美的自己。让我们学会停止精神上的拉扯，把注意力集中于眼前，用行动驱散阴霾，让内心重归宁静与强大。

- 内耗是心灵的枷锁，阻碍我们前行。摆脱它，学会放下过去的遗憾，不担忧未来的迷茫。专注当下的努力，保持乐观的心态。

- 内耗如同幽灵一样，蚕食着我们的活力。如果我们想要摆脱它，就需要停止无意义的比较，让我们珍惜自己所拥有的，用实际行动去改变。勇往直前，给心灵充满电。

- 内耗是心灵的牢笼，它限制了我们的思维和行动，让我们无法充分发挥自己的潜力。

4

屏蔽力是一个人最顶级的能力

- 屏蔽力，是一个人最顶级的能力。不要去窥探别人的生活，也不要去揣测别人的想法，更不要陷在过去忧虑未来。

- 别让他人的闲言碎语掩盖了你心底的声音、你的想法和你的直觉。

- 我们必须学会屏蔽外界的噪音，才能听到内心的声音。

- 只有屏蔽掉无关紧要的琐事，才能专注于真正重要的事情。

- 学会屏蔽那些会扰乱你心智的言语，坚守自己的信念。

- 要想专注于梦想的追求，就得学会屏蔽途中的诸多干扰。

- 为了保持内心的纯粹，应当学会屏蔽世俗的偏见。

- 只有懂得屏蔽外界的压力，才能在自己的世界里自由翱翔。

- 若要实现自我价值，必须学会屏蔽外界的评判，听从内心的指引。

- 屏蔽掉那些阻碍你进步的恐惧与犹豫，勇往直前。

- 在人生的旅途中，学会屏蔽短暂的欢愉，追求长久的幸福。

- 为了保持灵魂的清醒，学会屏蔽尘世的浮华。

- 学会屏蔽他人的期待，活出真正属于自己的人生。

- 屏蔽力如同心灵的防火墙，帮我们阻挡着外界的不良影响。当诱惑、焦虑充斥四周时，我们要学会屏蔽，不让其侵蚀内心。用强大的屏蔽力，为心灵营造一片净土，让生活充满阳光与希望。

- 在生活中，各种声音嘈杂纷扰，屏蔽力就像是心灵的盾牌，它能帮我们抵御外界的喧嚣。如果我们没有屏蔽力，心灵就会被琐事占满。所以，让我们专注内心，排除干扰，努力守护心灵的宁静，勇敢追求梦想。

- 面对纷纷扰扰的琐事和他人的闲言碎语，屏蔽力是内心的镇静剂，它守护着心灵的安宁，帮助我们保持独立思考，更不会让我们随波逐流。

- **学会屏蔽他人的质疑，坚定地走自己的道路。**

- 生活中，有太多的干扰和诱惑。学会屏蔽那些消耗你的人和事，为心灵筑起一道防线，让自己在宁静中成长，在专注中前行。

- 学会屏蔽负面的情绪和言语，不让它们侵蚀你的心灵。给自己营造一个积极向上的氛围，让正能量充满生活的每一个角落。

- 学会屏蔽他人的眼光和评价，走自己的路，让别人说去吧。因为只有你自己知道，什么才是最适合你的方向。

- 信息爆炸的时代，学会屏蔽无用的资讯，才能为大脑腾出空间，去思考、去创造，去拥抱有价值的知识和灵感。

- 学会屏蔽不好的一面，只关注美好的部分，你会发现，世界原来如此精彩。

- **屏蔽那些消耗你精力的社交，珍惜真正能给你带来温暖和支持的关系。人生短暂，把时间留给值得的人。**

5

不抱怨，一切都是最好的安排

- 偶尔抱怨一次人生可能是某种情感的宣泄，也无不可，但习惯性地抱怨而不谋求改变，便是不聪明的人了。

- 当抱怨成了习惯，就如喝海水，喝得越多渴得越厉害。最后发现走在成功路上的都是些不抱怨的“傻孩子”。没有人是完美的，社会也不可能是完美的，因为社会是由所有不完美的人组合在一起的。你的职责就是比别人多勤奋一点、多努力一点、多一点理想，这样世界才会好起来！

- 我从未遇见过一个生活中早起勤勉、为人谨慎诚实的人，会去埋怨命运的不公。高尚的品德、优秀的习性、坚韧的意志，这些美好的品质，是不可能被假设的命运打倒的。

- 只有把抱怨环境的心情，化为上进的力量，才是成功的保证。

- 不要把生命浪费在抱怨之中，而是要专注于自己想要实现的目标。

▸▸抱怨之前，仔细想想，人家是否已经做得很好。

▸▸微笑着，去唱生活的歌谣。不要抱怨生活给予了太多的磨难，不必抱怨生命中有太多的曲折。大海如果失去了巨浪的翻滚，就会失去雄浑。沙漠如果失去了飞沙的狂舞，就会失去壮观。人生如果仅去求得两点一线的一帆风顺，生命也就失去了存在的魅力。

▸▸如果你看不惯某种东西，那就改变它。如果你无法改变它，那就改变你自己的态度。不要抱怨。

▸▸生活难免有不如意，若一味抱怨，只会让我们的心情更糟。如果把抱怨的时间用来思考解决办法，那么你会发现困难并非不可逾越。所以，朋友们，停止抱怨吧，让我们以积极乐观的心态来面对不如意，这样才能在逆境中找到转机，让生活充满阳光。

▸▸人生路上，风雨兼程，若总是怨天尤人，我们只会迷失方向。让我们不被负面情绪左右，学会接纳现实，用乐观的目光看待世界，用积极的行动去改变现状。让我们相信自己的力量，勇往直前，不抱怨，去拥抱美好的未来。

▸▸不抱怨，是一种选择，是一种力量。当我们停止抱怨，专注于解决问题时，生活便会朝着更好的方向前行。

在人生的旅途中，风雨不可避免，若心怀抱怨，黑暗将永驻心底。用感恩代替抱怨，用微笑面对挫折。发现生活中的小幸福，珍惜身边的温暖。

当我们遭遇挫折时，别让抱怨占据心灵。抱怨只会放大我们的痛苦，消耗我们的精力。让我们以平和心态对待挫折，从失败中汲取教训。把每一次挫折当作成长的阶梯，默默努力，不抱怨，终能登上成功的山峰，看到更美的风景。

人生短暂，何必为琐事烦恼抱怨？学会放下得失，看淡荣辱。让我们以宽容和理解对待世界，不苛求完美。让我们用豁达的心态拥抱生活的起伏，不抱怨，让我们的心灵在宽广的天地中自由翱翔。

世事变幻无常，没必要去抱怨。你有咬着牙苦苦支撑的时候，别人也有难以入眠的夜晚；你觉得生活在偏袒别人，却不知他人也有着难以倾诉的痛苦。与其满腹牢骚，不如做出改变。真正强大的人，从来不会埋怨上天、责怪他人，因为他们明白，只有让事情往好的方向发展，自己才能变得更出色。

▸▸生活不会因抱怨而改变，却会因积极的态度而焕发光彩。摒弃抱怨，用微笑和努力书写人生，你将收获无尽的可能。

▸▸生活总有不如意，但不抱怨的人能在黑暗中找到光明，在困境中挖掘机遇，用积极的心态描绘出绚丽的人生画卷。

▸▸不抱怨的人生，是一场与自己的和解，是对世界的宽容。以平和之心接纳一切，用乐观之态迎接未来。

▸▸抱怨只会让心灵疲惫，让生活暗淡。放下抱怨，用感恩和包容的心去对待生活，你会收获满满的幸福。

▸▸当你停止抱怨，世界在你眼中将变得不同。那些曾经的阻碍会成为成长的磨砺，挫折会化作成功的基石。

▸▸抱怨是弱者的借口，强者用行动去改变。拒绝抱怨，以坚定的步伐跨越困境，你会成为自己命运的主宰。

6

日子反正要过，愁眉苦脸不如眉开眼笑

- 我微笑地看待生活，于是，生活也对我呈现出一个微笑。
- 当你面对困难时，笑一笑，一切都会过去的。
- 生活是一面镜子，你对它笑，它也会对你笑。
- 如果人是乐观的，一切都有抵抗，一切都能抵抗，一切都会增强抵抗力。
- 不管面对怎样的事情，都请安静地愉快吧！这是人生。我们要依样地接受人生，勇敢地、大胆地，而且永远地微笑着。
- 假如生活对你有所欺瞒，切莫陷入忧郁，也别心生愤慨。在诸事不顺时暂且忍耐，要坚信，那充满快乐的时光定会如期而至。

▸▸悲观的人，先被自己打败，然后才被生活打败；乐观的人，先战胜自己，然后才战胜生活。

▸▸无论境况怎样，你都应保持内心的平静与愉悦。生活本就如此，我们也只能以这样的态度去面对它。

▸▸真正的快乐，是对生活的乐观，对工作的享受，对事业的热情。

▸▸当生活如一曲欢歌般顺畅惬意时，面露笑容轻而易举；可在诸事皆不顺遂时仍能微笑的人，才算活出了意义。

▸▸乐观是希望的灯塔，它引领着你自危机四伏的深谷迈向康庄大道，让你收获新的生机与新的憧憬，支撑着你的信念永不破灭。

▸▸生命里有许多正向时刻，也有许多负向时刻。一个人快乐的秘诀，便是抓住那正向的时刻，使它更充盈；转化负向的时刻，使它得到清洗。

▸▸要学会维持你的快乐，不断地感恩，不断地将脸朝向有光的地方。时间长了，你自然学会了和喜悦相处的诀窍。希望你一站出来，就让人能从你身上看到生命的光彩。

▸ 生活就如同一场无法预知结局的戏，有时我们看到的是喜剧，有时我们看到的是悲剧，但不管剧情如何跌宕起伏，我们都应怀揣着一颗乐观的心，用微笑去演绎自己的角色。

▸ 活着就该心怀坦然，不必整日忧心忡忡，也莫将自己的意志强加于人，别愁眉紧锁，要自信些，从容处世。

▸ 生活如同多变的天气，时而晴朗，时而阴沉。无论世事如何变迁，请保持微笑。让我们用笑容面对误解，用笑声回应嘲讽，用一颗乐观的心，迎接生活的挑战，创造属于自己的幸福。

▸ 生活或许会有苦涩，但笑容是最好的调味剂。用笑去化解忧愁，用笑去拥抱阳光，让我们的生活充满欢声笑语。

- 无论生活给予我们什么，都请以微笑接纳。让我们把挫折当作磨砺，把成功当作激励。用笑容化解仇恨，用笑声传递友爱。让我们面带着笑容，在生活的舞台上翩翩起舞，展现出最精彩的自己。

- 无论生活给予什么，都以笑回应。因为笑容是生活中最温暖的力量，能融化一切的冰冷与不如意。

- 笑是生活的解药，能治愈伤痛，能带来勇气。在生活的海洋中，让我们扬起笑容的风帆，驶向美好的彼岸。

- 生活如诗，笑容是诗中的韵脚；生活如画，笑容是画中的亮色。让我们用笑容为生活添彩，书写属于自己的精彩篇章。

- 用笑容迎接生活的每一次日出，用乐观面对生活的每一次日落。在笑与乐中，感受生活的真谛，拥抱生命的美好。

- 日出在东海，日落于西山，愁是一天，喜也是一天。当身处逆境之时，与其满脸哀愁、自怜自叹，倒不如坦然地接受现实，微笑着去面对。

第四章

觉醒——心灵破晓的曙光，照亮前行的路途

阿尔弗雷德·阿德勒说：“当你不再在意别人的看法时，你将变得无法阻挡。”

我们已经从迷失与困惑中走了出来，在拒绝中坚守自我，觉醒的时刻终将到来。它如同一束破晓的曙光，照亮了前行的道路，让我们看到了更加真实的自己和世界。

1

遗憾是常有的事，释怀是人生的必修课

- 生命怎么活都会有遗憾，关键在于你怎么去领悟，给这个遗憾的部分更崇高的向往，然后尊重、包容它，反而会把这个遗憾的部分变成一种生命的圆满。

- 真正的释怀，是能够坦然面对过去，不再被其所困。

- 释怀不是忘记，而是不再让过去的痛苦影响现在的生活。

- 不要为过去的事情而烦恼，因为那已经过去，无法改变。学会释怀，专注于当下。

- 懂得释怀的人，才能真正享受生活的美好。

- 放下，是一种勇气，更是一种智慧。

- 所有错过的，会变成遗憾，有的可以填补，有的不可以。哭过、笑过、爱过、恨过，爱曾经有多甜，也有多苦，我们最终学会的，是不要错过自己。

过去的就让它过去，该放下的就放下，生活还要继续。

只有放下过去的包袱，才能轻松地走向未来。

在生活中，我们无法避免遗憾的发生，但我们可以选择如何面对它。我们要选择放下过去的遗憾，要学会释怀，以更加积极的心态迎接未来的挑战。在这个过程中，我们将不断地成长、不断地变得更加坚强。

在这漫长的人生路上，总会有那么一些遗憾。它们如同错过的风景一般，让我们难以忘怀。然而，只有经历过这些遗憾，我们才能更加深刻地理解生活。

释怀并非忘却，而是坦然接受。对于生活中的不如意，如果我们一直纠结，只会让心灵受累。当我们学会释怀时，会发现内心变得宽广，世界也随之变得明亮。让我们在释怀中，寻得内心的宁静与自由。

当我们执着于过去的错误和失去时，我们只会陷入痛苦的旋涡。让我们放下包袱，让心归零，以释怀的心态面对人生。让我们珍惜当下，不惧未来，在这纷繁世界中，找到属于自己的那份宁静与从容。

▸▸人生，总有许多遗憾。但别忘了，遗憾也能成为一种力量。学会释怀，从中汲取经验，让我们在以后的人生路上走得更从容。

▸▸人生路上，我们难免会有遗憾和失落，但若不释怀，怎能前行？所以，我们要敢于面对过去的伤痛，敢于放下心中的纠结。学会放下，让心灵得到喘息。

▸▸当我们学会释怀，不再计较得失，不再纠缠过往时，便能以平和的心态看待世间万物。让烦恼随风飘散，让快乐常驻心间。

▸▸生活中的遗憾，若不能释怀，便会成为心灵的枷锁。让我们学会释怀，因为释怀是与过去的告别，是对未来的拥抱。让我们放下过去的不快，释放内心的压力，用一颗宽容的心，迎接新的开始。

▸▸遗憾，是人生的一部分，但并非不可克服。学会释怀，让过去的事随风而逝，方能拥抱更美好的未来。

▸▸过去的事，无法更改，但未来的路，可以自己把握。学会释怀，把遗憾抛在身后，我们才能更好地前进。

▸▸遗憾，是个熟悉的词，但并不代表结局。试着释怀，勇敢面对那些不完美的过去，你才能发现新的可能。

▸▸你终将发现，那些曾让你遗憾的事，都会随时间变得微不足道。

▸▸终有一天，你会笑着谈起那些曾经让你心碎的遗憾。

2

做一朵自信而美丽的小红花

- 自信是一种吸引力。只有当个人有自信的时候，他才会成为别人注意的焦点。当一个人有自信的时候，别人会放弃他们那游移不定的意见来附和他。

- 你们应当培养对自身以及自身能力的信心，而这份信心在战胜重重阻碍、培养意志与锤炼意志的过程中方可获取。

- 只要心中充满无穷的自信，再凭借着坚韧的意志和不受拘束的才华，终有一日会收获成功。

- 信心所产生的是一种我坚信自己能够做到的态度，相信我能够做到，则能产生出必备的能力、精力以及技巧。

- 要有自信，然后全力以赴，倘若秉持这般信念，任何事情十有八九都能成功。

- 自信是一种让我极为看重的品质，只是可惜我拥有这份自信的时间稍晚了些。或许正是因为他对我有所依赖，才最终促使我鼓起勇气，真正地拥有了自信。

- 我们应该拥有持之以恒的决心，特别是要具备充足的自信心！我们必须坚信，自身所拥有的天赋是被赋予用来成就某些事情的，不管遭遇何种状况，活着的人总要一如既往地投入工作。

- 要满怀自信！只要内心笃定自信，便无须惧怕任何事物。那些令人愉悦的往昔片段、曾倾心相待的动人往事、忍不住落泪的难忘场景、天真烂漫的儿童时光、对未来精心擘画的规划、钟情至深的美妙音乐——无论哪一样都可以，只要这类思绪在脑海中不断闪现，就没什么能让人感到恐惧。

- 缺乏自信并不是困难的后果；恰恰相反，困难正是来源于缺乏自信。

- 人的格局一大，就不会在生活琐碎里沉沦，真正自信的人，总能够简单得铿锵有力。

- 自信是一种魅力，它散发着独特的光芒，吸引着机遇与成功向我们靠拢，让我们成为生活的主角。

- 自信是不待他人肯定，你已自我肯定。对你存在的世界说：不管有没有人注意我，我在这里，我理直气壮地活着，做我想做的事。

▶▶一个内心自信且丰富充盈的人，就如同一朵骄傲绽放的花，优雅且散发着馨香，自在又充满清欢。真正的自信，乃是源自内心的自我认可之感，是一种经过长期积累而后爆发的力量，也是一种对自我予以肯定的人生态度。

▶▶很多人之所以不自信，不是因为他们能力不够，而是他们将别人的评价太放在心上。这个世界上，最能安慰自己、鼓励自己的人，往往不是别人，而是你自己。

▶▶自信是内心深处的一束光，照亮了前行的道路，让我们无所畏惧地追逐梦想，勇敢地跨越每一道障碍。

▶▶自信不是与生俱来的天赋，而是在一次次挑战中磨砺出的坚韧品质，它让我们相信自己有战胜一切的力量。

▶▶当自信在心中扎根，我们便能以优雅的姿态面对生活的波澜，用坚定的步伐丈量世界的宽广。

▸▸不要让怀疑和恐惧侵蚀自信，相信自己的价值，因为我们每个人都是独一无二的星辰，注定在夜空中闪耀。

▸▸自信所展现出的，是“腹有诗书气自华”那般的高雅，是“仰天大笑出门去，我辈岂是蓬蒿人”这样的洒脱，也是“采菊东篱下，悠然见南山”的那种从容。

▸▸自信是氛围的柔和剂，大大咧咧才是真性情。为人处世，自信一点，脚下的石头也会变成阶梯。

▸▸自信之人，无论身处何方，皆仿若一抹暖阳，和煦温雅却不炫耀，内敛矜贵且富有蕴意。

▸▸自信的微笑，是我最优雅的名片，向世界展示我的从容与不凡。

3

如果顺着走不通，那就换个方向

- 我们或许会在错误的道路上耗费些许光阴，不过迟早都能找到正确的方向。

- 人生的路上，并不是你在哪里放一个门框，那里便是唯一的出口。你可以向左向右拐个弯去寻找生命的出口。

- 当诸事看似皆不如意之时，请铭记——飞机是逆风而起的，而非顺风升空的。

- 人生本就布满了数不清的分岔路口，在尚未亲身经历之前，谁也无法判断哪些选择一定是到达终点的最佳路线。

> 这条路行不通，你该想想另一条路，而不是在路口徘徊。

倘若你无法展翅高飞，那就奋力奔跑；要是无法奔跑，那就大步前行；要是无法步行，那就缓慢爬行。可不管你采用何种方式，都要保持前进的方向。

社会上的事不是只有一条路，只认一个死理。在你到处碰壁的时候，别人早已从另一条岔道上匆匆前行了。

路于脚下延展，亦在心底铺展。当你感觉已至穷途末路时，别慌乱，瞧瞧四周有无别的通途。挫折往往与转机如影随形，有时仅是一个灵光乍现，就能逆转乾坤。需知晓，路的近旁仍是路。迥异的征途，或许景致更为绮丽。

人生的道路并非总是一马平川，若顺着既定的方向前行却处处碰壁，那不妨勇敢地换个方向，逆流而上。因为有时候，突破常规才能发现新的天地，在逆风中我们或许能找到隐藏的机遇。

如果前行的路上荆棘密布，希望渺茫，那我们就勇敢地换个方向，逆流而上。这是我们对困境的宣战，是对自我的突破。在逆流中，我们会发现自己的坚韧，会找到新的希望之光，引领我们走向成功的彼岸。

人生有千万种可能，选择哪一种，其实都是最好的安排。换条路，也许就是柳暗花明；转个弯，也许就是风和日丽。

一段路，走了许久，仍然感到不知所措，看不到方向，那不妨选择走别的路。心中充满了疲惫，那就转变方向，陌生的景致，说不定也是一种意外之喜。

当我们顺着路走时，事情已经成为一种无望的挣扎，那么我们就要果断地转身。这不是逃避，而是一种智慧的抉择。在逆水行舟中，我们能锻炼出更强大的力量，挖掘出更深层的潜力，让我们去征服那看似不可逾越的险阻吧！

“山重水复疑无路，柳暗花明又一村。”看似已经无路可走的时候，不妨换个角度，说不定又能看到新的希望，体验到不同的精彩。

当我们顺着走不通时，那就大胆地换个方向。真正的勇者选择逆流而上，不惧风浪。他们坚信，在逆境中前行，能磨炼意志，收获成长。哪怕水流湍急，我们也要坚定信念，向着目标奋勇拼搏。我们只有逆流而上，才能抵达梦想的彼岸。

- 当常规的道路紧闭大门时，别灰心丧气，尝试换个方向。这或许是一条充满艰辛的道路，但也是一条能让我们与众不同的道路。

- 人在陷入绝境之时，千万不能忘记还有柳暗花明。路不通就转弯，心不悦就看淡。

- 人生于世，并非所有的坚持，都能换来雨后的彩虹。懂得做出改变，学会适时转弯，这也是一种前行。

- 拐弯并不是放弃，而是一种明智的选择。

4

人生不是靠心情活着，而是用心态活着

- 在复杂的世界里做个简单的人，以清静的心看世界，以欢喜的心过生活，不浮躁，不慌忙，淡定从容地过完这一生，只因人间最美是清欢。

- 保持知足常乐的心态才是淬炼心智、净化心灵的最佳途径。一切快乐都属于精神。快乐是把忍受变为享受。

- 悠闲的生活始终需要一个怡静的内心、乐天旷达的观念和尽情欣赏大自然的胸怀。

- 一个心境愉悦的人，必定有其能保持愉悦的缘由，而这缘由便是：他本身就是个乐观的人。常常展露笑容的人，往往是幸福的；动辄落泪哭泣的人，大多是痛苦不幸的。我们的幸福程度，取决于自身的愉悦情绪，而这种愉悦情绪，又与我们的身体健康状况息息相关。

倘若你的生活充斥着痛苦，那是源于你对生活的理解存在偏差，不够纯粹。只要你懂得怎样以合适的方式去经营生活，生活必然能够回馈给你无尽的欢愉。

一切的和谐与均衡，健康与活力，成功与幸福，都源于乐观与充满希望的向上心理。

无论遭遇何事，都请心平气和地保持愉悦吧！这便是人生的模样。我们应当坦然接纳人生的一切，以勇敢无畏、果敢坚毅的姿态，永远绽放着灿烂的笑容。

人生任何美好的享受，都有赖于一颗澄明的心。唯有内心富有充盈，方能从容抵抗世间所有的不安与躁动。

快乐就是幸福，一个人能从日常平凡的生活中发现快乐，就比别人幸福。

不抱怨，不焦虑，把困难当作成长的阶梯。让我们以宽容对待他人，以乐观面对挫折。让我们用心去感受身边的小幸福，发现平凡中的不平凡。我们拥有一个好心态，就能在喧嚣中保持宁静，在困境中找到出路，让生活充满温暖与欢乐。

人生靠心态而活，心态决定了我们看待世界的视角。如果我们以乐观之态面对生活，生活处处都是惊喜；如果我们以悲观之心应对生活，生活就只剩阴霾。让我们怀揣着阳光般的心态，把每一次挫折当作成长的磨砺，把每一次成功当作前行的动力。如此，方能活出精彩人生。

人不管身处何方，只要秉持着真诚、纯净、无瑕的心境去审视自然与生活，定能收获无尽的喜悦。

▸▸只要在困难里可以坦然地活下去，就没有走不通的路。因此，如何使自己的心宽广、乐观地应对生活，比汲汲营营地想过好日子来得重要，归根究底，不是米或番薯的问题，而是心的态度罢了。

▸▸以清净心看世界，以欢喜心过生活，以平常心生情味，以柔软心除挂碍。

▸▸人心灵深处的幸福感，源自于对当下生活状态的坦然顺应，以及内心的感恩与知足。

▸▸当压力来袭，让我们从容应对；当失落降临，让我们用坚强面对。相信自己，相信未来。让我们用积极的眼光看待世界，用善良的心对待万物。

▸▸莫不如让自己拥有一个好的心态，于草木芳菲中，得其静，获其香，生命安静了，心态也就好了。

▸▸初心不变，心态平和，人生无常，与此静然。余生很贵，不要让你的人生输给了心情，而是要赢在心态。

▸▸人活着，重点就在于一种心态。身安，比不上心安；屋宽，比不上心宽。

▸▸**获取内心平静的途径在于转变人的想法，你应当努力培养一种悠然自得、舒畅惬意的心态。**

5

与情绪和解，是对自己最好的治愈

- 调整情绪，别被不愉快的情绪所左右。因为忧烦抑郁、暴躁苦恼，都会使你精力损毁、元气低沉。反之，如果情绪轻松愉快，自会使你年轻。

- 将愤懑的情绪转变为温和，再把温和的情绪升华为爱。若能如此，这世间定会愈发美好。

- 人的情绪就像大海的波涛一样，时起时伏。有时风平浪静，有时波涛汹涌。大的情绪波动是有损于人体健康的。我的体会，要健康长寿，一定要保持稳定、乐观的情绪。

- 无论何时，倘若情绪不幸脱离了掌控，那么与人交际、开展交谈便是让自己恢复平静最为行之有效的良方。

- 无论火气多大，只要经过一小段时间的沉默，最初的那种激烈情绪往往会慢慢消减，不再是盛怒状态，大体上会回落至“哀伤”或“怅惘”的程度，进而恢复到平和的心境。

▸▸最简单的方法就是全面地接受自己的情绪，做一个率真的人，学会和自己的心灵对话。

▸▸当你心情不佳时，变得愉悦的主要方法是：精神饱满地起身端坐，兴致盎然地环顾四周，让自己的言语和行为都仿若已然沉浸在愉快之中……

▸▸豁达乐观的性格，不但能够让自身经常保持心情的欢畅，还能如同温暖的阳光一般，感染身边的人，让他们也深切感受到人生处处洋溢着和谐与希望的光芒。

▸▸情绪如潮，时起时落。我们不必抗拒愤怒，无须逃避悲伤。让我们接受它们的存在，理解其背后的诉求。让我们与情绪和解，让内心平静，让思绪清晰。让我们在和解中成长，在接纳中找到力量，拥抱生活的每一种可能。

▸▸情绪是内心的声音，有时激昂，有时低沉。我们不要与它们为敌，而是倾听、理解。愤怒时，深呼吸；悲伤时，允许流泪。让我们与情绪和解，放下执念，以平和心态面对。如此，方能在情绪的海洋中悠然航行。

▸▸**不要与情绪为敌，而是张开怀抱与之和解。在接纳中，我们会发现，每一种情绪都是成长的礼物。**

与情绪和解，是一场自我治愈的旅程。在这个过程中，我们学会珍视自己，包容自己的一切感受。

- 放下对情绪的偏见，以平和之心与之和解。你会发现，每一种情绪都是生活的一部分，都值得被尊重。

- 最为重要的并非快乐本身，而是接纳各种情绪。心中存有阳光，必然会有诗意和远方；心中怀有爱意，又何惧人生的荒凉。但愿在往后的日子里清澈通透，抬头所见之处皆是温柔。

- 如果一个人连自己的情绪都无法掌控，即使拥有整个世界，也终将毁于自己的手中。

- 当我们与情绪和解时，便能在纷繁复杂的世界中，保持一颗清澈、宁静的心，从容面对人生的起伏。

- 逆境并不会将人压倒，然而情绪却有可能成为压垮心灵的最后一根稻草。不要被情绪所挟持，而是应当学会跟自己和解。

- 没有人能操控你的情绪，唯有你自己对自己负责。每个人都藏着故事，关键在于你是否学会了控制。

- 情绪是我们的本能，而不被情绪所束缚则是一种本事。真正强大的人已经掌控了情绪，将自己置于一片寂静之中。

- 每一种情绪都是内心的信使，当我们学会与它们和解时，便能读懂生命深处的渴望与诉求。

6

真正接纳自己后，就能与世界和解

- 如果我们爱自己，承认自己是有价值的，我们就有勇气接纳自己的真实情感，而不是笼统地把它们隐藏起来。

- 倘若你不再将自己与他人相比较，那么你便能真正接纳本真的自己。当你能够正视自身的真实模样时，内心便会产生出强大的力量，去洞察周遭的一切。

- 不管是谁，只要他接受自己，就拥有了开启内在智慧的钥匙。

- 接纳自己，就是接纳生活的不完美，接纳自己的不完美，接纳这个世界的不完美。只有接纳，才能找到内心的平静和宁静。

- 我们必定是自己先有了心灵的空间，才能有容纳他人的空间；我们必定是自己先感受到了美，才能把美与众人分享。

- 一个人能够让自己成为自己，这远比任何事情都更为关键。

▸▸总之，我认为人不应当忽视自己，生活就是自己啊。总要无愧于自己才好。比方说，我要无愧于自己，就要好好地爱你才对。

▸▸我们要想成为别人，首先必须成为一个真正的自我。

▸▸如果你不能接纳自己，你永远不会真正快乐。

▸▸我们不要在自卑与自负之间徘徊，也不要再对自己充满怀疑和否定。接纳自己，看到自己的闪光点，也承认自己的不足。让我们用一颗平常心对待自己，在接纳中找到自信和力量，以积极的姿态迎接生活的每一天。

▸▸我们每个人通常容易接纳自身好的部分，然而对于自己不好的部分却十分排斥，甚至加以打击，无法接纳。如此一来，就容易导致盲目自信，看不到自身的缺点。总有一天，那个一直硬撑着的自己会轰然崩塌。

▸▸对于普通人来说，一生最重要的功课就是学会接受自己。

▸▸ 我们不苛求完美，因为瑕疵也是独特的印记。我们要接纳自己，正视自己的优点与不足，用宽容的心拥抱完整的自我。学会接纳，我们的内心便充满平和与安宁，就能以真实的姿态面对生活，绽放属于自己的光芒。

▸▸ 接纳自己，是一场温柔的革命。不再对自己的不完美吹毛求疵，而是用爱与宽容拥抱那个真实的、独一无二的存在。

▸▸ 我们都是生活中的旅人，接纳自己，就是给自己的心灵找到一个温暖的归宿，无论风雨如何，都能安心停靠。

▸▸ 当我们学会接纳自己时，世界也会变得更加宽广，因为我们不再与自己为敌，而是成为最忠实的盟友。

▸▸ 接纳自己，是给自己的灵魂一份最深情的告白，告诉它：无论世事如何变迁，我都会陪伴你，爱你如初。

▸▸ 认可且接纳那个完整的自己，这意味着对自身的每一种特性都同等看待。既不特意去彰显它们，也不特意去压抑它们。

- 不管别人的人生怎么样，始终改变不了你的人生，我们要做的就是接受自己，坦然面对，过好自己的生活。
- 接纳自己，是成长的开始，也是走向幸福的关键一步。
- 接纳自己不是画地自限，而是认清自己。

第五章

专注——余生最好的活法，就是专注自己

有人说：“只要全身心投入某一项事业当中，势必会取得连自己都深感意外的优异成绩。”

在纷乱的世界中，我们的注意力总是被别人牵引。然而，专注自己才是通往幸福和成功的关键。当我们把目光收回到自己身上时，就会发现原来生命中还有更多的美好和可能。

1

行动就是答案，所以我从来不问为什么

- 没有行动就不会有结果，世上不存在任何一样东西，不是靠一个个想法落到实处才获得的。

- 行动吧，因为只有在行动中才能说明你是什么。

- 动起来吧！振作起来吧！踏实做事，别白白浪费你的光阴……不管你身在何处，做出点成绩来，行动起来吧！

- 行动或许未必能带来愉悦，然而没有行动，肯定是不会快乐的。

- 我们于行动中度过人生，而非在岁月流逝中虚度。

- 愿望或目标，必须通过立即行动和全力以赴的努力，才能变为信念。若没有行动这一努力，则不会产生信念。

- 晚起步不如早起步，晚行动不如早行动，踟蹰不如当机立断，唉声叹气不如奋发图强。

▸▸ 现实处于这一侧河岸，理想位于那一端彼岸，其间横亘着汹涌的河流，而行动便是搭建于河上的桥梁。

▸▸ 唯有彻彻底底的行动，才是改变自我、改变周遭社会的唯一路径。

▸▸ 行动，乃是战胜焦虑的绝佳途径。倘若你不知应做何事，那就将手头的每一件细微之事处理妥当；要是你不晓得如何起始，那就先做好距离自己最近的那件事。

▸▸ 梦想是远方的彼岸，行动则是驶向彼岸的船只。只有扬起行动的风帆，我们才能在人生的海洋中破浪前行，抵达理想的彼岸。

▸▸行动是将想法变为现实的桥梁，如果没有行动，那么再美好的构想也只是空中楼阁。让我们勇敢地迈出第一步，让每一个小行动汇聚成改变世界的大力量。

▸▸拖延是行动的敌人，犹豫是成功的阻碍。别让借口和恐惧束缚了你的手脚，用果断的行动去书写属于自己的辉煌篇章。

▸▸世界不会因为你的想法而改变，却会因为你的行动而精彩。不要只是空想，付诸行动，让生命在实践中绽放出最绚烂的花朵。

▸▸心动不如行动，幻想不如实干。只有脚踏实地地行动，才能让梦想照进现实，让未来不再只是遥不可及的憧憬。

▸▸千里之行，始于足下。无论目标多么遥远，只要我们迈出行动的第一步，并坚持不懈地走下去，终能到达梦想的终点。

▸▸**机会总是留给有准备的人，而准备的关键在于行动。用积极的行动去抓住每一个转瞬即逝的机遇，创造属于自己的奇迹。**

▸▸ 行动起来，认知就会在行动中提升，改变的力量会随之而来。一旦你下定决心行动，你的人生就已经出现转机。

▸▸ 这个世界上根本就不存在完美的时机，此时，此刻，恰恰正是完美的时机，立即行动，活在当下。

▸▸ 能够征服人心的绝非是小聪明，而是那份厚道；能够感动人心的绝非是言语，而是实际的行动。

▸▸ 行动比说话更重要，什么甜言，都抵不过行动来得实际，没有行动，说什么都是假。

▸▸ **行动是一种力量，它可以使人在黑暗中凝聚希望，并衍生出微笑的自信。**

2

没有那么多的天赋异禀，优秀的人总是在翻山越岭

- 别因自己缺乏天赋异禀的才能而满心悲观。倘若认为自己没有才能，那就去学一门。

- 有些人天资颇高而成就平凡，他们好比有大本钱而没有做大生意；也有一些人天资并不特异而成就则斐然可观，他们好比拿小本钱做大生意。这中间的差别就在于努力与不努力。

- 倘若你具备天赋，勤恳努力会让其价值更上一层楼；倘若你并无天赋，勤恳努力能够填补这方面的欠缺。

- 天分高的人如果懒惰成性，亦即不自努力以发展他的才能，则其成就也不会很大，有时反会不如天分比他低些的人。

- 不管天资何等卓越，他依旧得掌握技巧，以此来施展那些天赋才能。

▶▶别畏惧付出努力，就从努力起步，然而务必牢记：努力终需被放下，你得跨越努力的阶段，唯有当你达到超越努力的境界时，你才能够进入一种被动的状态，而正是那份被动的觉察，会带来意想不到的奇迹。

▶▶倘若缺失了勤奋的付出，没有恰逢的机遇，也不存在满怀热情的引荐之人，即便一个人天赋异禀，最终也只能默默无闻。

▶▶天才源于劳动，人的天赋恰似火花，它既可能熄灭，也能够燃烧起来，而促使它燃烧成熊熊烈火的办法，仅有一个，那便是不断地劳动。

▶▶天赋或许能让我们一时领先，但真正优秀的人，会始终保持不懈的努力，他们在汗水与泪水中坚守，在疲惫与挫折中前行。他们用努力书写传奇，用坚持证明价值。他们让每一次的跨越都成为人生的精彩篇章。

▶▶天才？绝对没有那种东西。有的只是用功、方法和不断的计划。

▸▸ 在人生的赛场上，努力的人怀揣着信念，肩扛着责任，他们不畏山高路远，始终勇往直前，用行动诠释着努力的真谛。

▸▸ 那些优秀的人，总是在默默地努力。我们不要再期待天赋的降临，没有天生的强者，只有不断拼搏的勇士。他们用热血点燃希望之火，用努力照亮前行之路。无论山有多高，路有多远，他们都坚信，只要不停下脚步，终能抵达梦想的彼岸。

▸▸ 世界的各个角落，努力的人都在翻山越岭。他们不问路途有多遥远，只知前行才有希望。他们在翻山越岭中磨砺意志，在风雨兼程中铸就辉煌。

▸▸ 不要羡慕别人的天赋，那只是少数人的幸运。优秀的人总是在努力地翻山越岭，他们用时间和毅力铸就辉煌。他们在无人问津的日子里默默耕耘，他们在艰难困苦的时刻咬牙坚持。他们用行动告诉世界，努力才是通往卓越的不二法门。

▸▸ 我们如果没有天赋的加持，那就用努力来填补吧。让我们在每一个日出日落间，挥洒更多的汗水。我们相信终有一天，努力会放射出比天赋更耀眼的光芒。

▶▶我们不要因为没有天赋而自怨自艾，努力才是改变命运的关键。我们要用不懈的努力去挑战极限，去超越自我。虽然我们没有天赋，但也能够创造属于自己的奇迹。

▶▶虽然说天赋可能是与生俱来的优势，但努力却是后天塑造的伟大。即便我们没有天赋，但只要我们心怀努力的信念，我们依然能在人生的画卷上留下浓墨重彩的一笔。

▶▶当天赋的星光未曾照耀在我们身上时，我们不必沮丧。因为努力的火焰足以照亮前行的方向。如果我们没有天赋，那就让努力成为我们最闪耀的勋章。

▶▶人生的舞台上，天赋不是唯一的入场券。如果我们没有天赋，那就用努力铸就通往巅峰的阶梯。让我们一步一步，坚定而执着地奋进，相信终有一天我们能站在荣耀的顶点。

▶▶或许我们没有与生俱来的天赋，但那又何妨？努力就是我们手中最锋利的剑，能斩断前路的荆棘，开辟出属于自己的辉煌之路。

3

如果没有天赋，那就一直重复

▸▸ 我的使命是练习，反复地练习，持续不断地练习。失败与疲惫时常让我受挫跌倒，可一旦想到只要再坚持片刻，就能让我深爱的人目睹我的长进，我便重获了勇气。

▸▸ 对一种行动或科学技术，先模仿照样做，然后再反复练习，使之纯熟，最后熟能生巧，有个人心得或新发现，才能得到一种快乐。

▸▸ 不断重复的行为很快就会形成习惯；而当习惯继续下去，便会逐步蓄积起强大力量。

▸▸每天反复做的事情造就了我们，然后你会发现，优秀不是一种行为，而是一种习惯。

▸▸真要学好一门功夫，长年累月，除吃饭睡觉外，都得练练练。学艺数十年，才能先难后易，苦尽甘来。

▸▸天赋只是加分项，一个人的进步和事业上的成功，主要是通过一点一滴持续不断的努力获得的！要相信积累的力量，也要相信重复的力量。

▸▸我们在追求成功的路上，常常会遇到两个看似矛盾的概念：天赋和重复。一些人相信，成功是来自个人天生具备的某种特殊能力，即他的天赋。另一些人则认为，成功来自不断努力、不断尝试、不断失败，然后再次尝试，这样一次次的重复。

▸▸如果没有天赋，那就请你一直重复。重复是我们手中最简单而又最有力的武器，当我们一遍又一遍地去做一件事情的时候，我们就会不断地熟悉、不断地精进。

▸▸天赋或许是上天的恩赐，但并非成功的唯一钥匙。如果我们没有天赋，那就反复练习。我们要在无数次的操练中磨炼技艺，在持续的坚持中积累经验。我们要相信时间会见证努力的力量，反复练习必将开启通往卓越的大门。

如果不是天赋型选手，那就坚持重复手上的事情并做到极致吧。成功的路上没有捷径，只有一往无前。

天赋只是成功路上的一个加分项，而非必要条件。正如滴水穿石，非一日之功，我们每个人事业上的辉煌，更多的是通过日复一日、年复一年的不懈努力换来的。你要相信持之以恒，终能成就非凡。

不要小看每一步的积累，也不要轻视每一滴汗水的价值。不积跬步，无以至千里；不积小流，无以成江海。只要你愿意在正确的方向上持续重复，坚持不懈，终有一天，你会成为自己小领域内的佼佼者，绽放出属于自己的光芒。

如果没有天赋，那就一直重复，因为重复，就像是你我的秘密武器。简单之事重复去做，重复之事用心去做，用心之事坚持去做。只要不停下重复的脚步，成功终将到来。

在正确的方向上，保持对一件事情的专注，不停地重复，不停地深耕，坚持长期主义，相信时间的复利效应。从量变到质变，每一个人都可以成为一个小领域的佼佼者。

没有天赋不可怕，相信积累与复利的力量，专注深耕，时间会带来惊喜。

- 重复，不是简单的机械动作，而是一种有意识的练习，一种对细节的深刻体会，一种在实践中不断寻找进步空间的过程，它需要我们有坚定的信念和不屈的毅力。

- 重复不是单调的循环，而是用眼去捕捉每一个瞬间，在不断的尝试中探索完美的可能。

- 每一个看似为时已晚的时刻，实际上都正处在恰当的时机。如果没有天赋，那就一直重复。

- 若没有天赋的馈赠，便以重复为剑、以练习为盾。

4

人生最大的谎言就是不活在此时此刻

- 未来虽然有远大的梦想，活在当下，活在此刻，活在今天，才是生命实在的态度。

- 每个人都有过去、现在和将来。对我们来讲，无论过去发生过什么，都已逝去。无论你对将来有多少设想，都还没有发生。我们活在当下。

- 每一天都是一个新的开始、一个新的生活。学会活在美好的今日中，而不是永远活在对明天的空想和对过去的留恋中。活在当下，把握现在，把握今天！

- 唯有活在当下的人才可以无事，每一刻都尽情地、没有挂虑地去生活，活活泼泼、欢欢喜喜、全心全意。

- 我们活在当下的那一刻，才能斩断过去的忧愁和未来的恐惧，当我们斩断过去的忧愁和未来的恐惧时，才可以得到真正的自由。

过去的，让它过去，永远不要回顾；未来的，来了时再说，不要空想；我们只抓住现在，用我们现在的理解，做我们所应该做的。

我渴望伫立在永恒往昔与永恒未来的交会之处，即那纯粹的当下瞬间。我期望真切地活在当下。

过去的无法改变，未来还可以努力。何苦活在过往的忧伤和懊悔与未知的恐惧之中呢？活好现在，也就等于修正了过去，也等于活好了未来。时间从不为任何人停留，美好的回忆却会永留心中，直到时间尽头！

当下，是生命中最真实的瞬间。我们要活在当下，去感受每一次呼吸的节奏、每一缕阳光的温暖、每一个微笑的力量。

过去的总会过去，该来的总会到来。保持一颗平常心，自在当下，物来顺应，你要相信精彩岁月自有安排。

过去已去，未来未来，唯有当下，握在手中。我们要活在当下，我们要敢于直面此刻的挑战与机遇，我们要懂得珍惜眼前的点滴幸福。让我们在瞬息万变的世界中，找到内心的宁静与坚定。

我们活在当下，是与生活的深度对话。因为每一个瞬间，都蕴含着无尽的可能。当我们全身心地投入当下时，便能感受到那股无形的力量，它推动我们勇往直前，让我们去探索，去发现，去拥抱生命的每一个惊喜。

- 当下，是时间长河中最闪耀的一刻。活在当下，我们不再沉溺于过去的辉煌或痛苦，也不再对未来充满恐惧或幻想，而是让我们实实在在地体验此时此刻，创造属于自己的辉煌。

- 顺其自然，为所当为，该做什么就做什么，专注眼下的事，简单即幸福。我们常常因为得失而忧虑，过度在意过去，又过分担忧未来。当下其实是上天赐予的礼物，我们应该像珍惜礼物那样珍惜当下。按照自己的节奏，在事上磨，是一种能力和境界。

- 活在当下是一种积极向上的生活态度，通过将注意力集中在当前的瞬间，帮助我们更好地体验和享受生活，并更好地应对各种挑战和变化。

- 活在当下，享受过程，不问结果，结果都是给别人看的，过程才是自己真正学到的东西。路的尽头到底是什么，或许从来都不重要。

- 关注当下，做好当下，享受当下，立足当下。决定自己人生的，是活在此时此刻的自己。

- 活在当下，关关难过关关过。修在当下，处处难熬处处熬。

- **活在当下，又不执着于当下，不念过往，不畏将来，方不负余生。**

5

既然目标是地平线，那留给世界的只能是背影

- 相较于达成目标，更为关键的是朝着既定目标持之以恒地奋进，为了实现目标而持续不断地锤炼自己的意志。

- 目标既定，在学习和实践过程中无论遇到什么困难、曲折都不灰心丧气，不轻易改变自己决定的目标，而努力不懈地去学习和奋斗，如此才会有所成就，而达到自己的目的。

- 我坚定追求目标，这种能够驱使人们成就任何事的诚挚态度，以及这种对自我的忠诚，是促使心灵铸就事业辉煌的最关键要素。

- 为了达到最终的目标，必须把每一步都认作目标！

- 要想走上成功之路，心中一定要树立一个奋斗目标。要下决心，有信心，用顽强的意志去实现这个目标。

▸▸在人生的漫漫征途中，我们需要专注于自己的目标，以坚定不移的决心和不屈不挠的精神努力拼搏。

▸▸倘若你计划持续深造，那么远大的目标与高涨的热忱，会在你学业有成、持之以恒方面起到极大的作用。

▸▸目标的坚定是性格中不可或缺的力量源泉之一，亦是成功的有力武器之一。没有它，即便天才也会在变幻不定的迷途中徒劳无功。

▸▸切实珍惜今日，这一点至关重要。无论你所树立的目标何等宏伟，倘若没有每日一步一个脚印的付出，没有日往月来积攒的成果，便不会收获成功。

▸▸要有坚毅的意志、超凡的能力和坚守目标的恒心，此外种种皆为细枝末节。

▸▸一定要明确自己心之所向，并且毫不动摇地秉持这份信念。每天都切实履行自己该做的事，那么在一天结束之际，你会发现离目标更近了一步。

▸▸在崇高目标的支撑之下，持续不懈地工作，即便进展缓慢，也必定能够收获成功。

▸▸人一旦明确了自身目标，便不该再动摇为之拼搏的坚定决心。

▸▸目标是人生的旗帜，它高高飘扬在远方，召唤着我们勇往直前。当我们摒弃杂念，心无旁骛地朝着目标前行时，仿佛世界都在为我们让路。我们眼中只剩下那象征着理想与成就的终点线。

▸▸无论路途多么崎岖，无论风雨多么猛烈，当我们怀揣着梦想，肩负着希望时，任何困难都无法阻挡我们追逐目标的脚步。因为我们坚信，只要专注目标，努力拼搏，终能迎来胜利的曙光。

▸▸目标不仅是一种方向，更是支撑我们面对挑战的动力源泉。当一个人目标清晰时，在前进的路上就会更有方向感。当你脚踏实地地朝前走时，就会感受到向着目标靠近所带来的幸福感和成就感。

▸▸找准目标，深挖一口井。你的潜力无限，只要勇敢拼搏，未来必定光芒万丈，坚持不懈地努力终会遇见更好的自己。

▸▸追寻那些能点亮你梦想的火花。每一步都坚定前行，都是向着梦想迈进的勇气与决心。

▸▸只有专注目标，努力拼搏，才能在梦想的道路上越走越远。

6

专注自己时，收获幸福会更容易些

- 你只需全神贯注于你能胜任的事情，接着满怀热忱沉稳耐心地，把自己塑造成芸芸众生里独一无二、无可替代的存在。

- 人的一生应该为自己而活，应该喜欢自己，不要太在意别人怎么看我，或者别人怎么想我。其实，别人如何衡量你全在于你自己如何衡量自己。

- 对于每一个人来说，真正紧要的使命仅有一个：探寻到真实的自我，随后在心底将其坚守一生，全心全意，永不放弃。

▶▶紧张之际舒缓自身，困苦之时厚待自身，烦忧之时宽慰自身，愉悦之际祝愿自身，成就之时奖赏自身。

▶▶唯有那些你觉得自身独有的、在其他地方寻觅不到的事物，才真正值得你去留恋珍惜。既要满怀急切又要有耐心地打磨塑造自己，将自己打造成独一无二、无可替代的个体。

▶▶你的内心总有一方净土，你随时能够回归其中，在那里做回真实的自己。

▶▶一个人首先得学会好好爱自己，这样，才能与自身融洽相伴，而不会总在外界徘徊流连。

▶▶建立自己的生活信念，坚持一定的道德原则，在自己的精神境界中感到安然恬适，不因环境的变化而动摇。

▶▶倘若你真心渴望直面本真的自己，那就要学会坦然面对，绝不回避。无论何种事物向你袭来，你都得深入洞察其本质，因为这份洞察的深度，终将内化为你对自我的认知。

▶▶世界上最重要的事就是认识自我。

▶▶这世界上最重要的事情，不论从任何角度来说，都是自己彻底了解自己。

最困难的事情就是认识自己，最容易的事情就是忘记自己。

将注意力聚焦于自身，就如同在内心的海洋中置入一根定海神珍。不管外界如何波涛汹涌，你都能够朝着自己心中的梦想，依照自己的节奏，不停地去行动，去坚守。总有一天，你也会变成令他人羡慕的那个人。

专注自己更容易拥抱幸福。不理会纷纷扰扰，只专注自身成长。努力实现梦想，关爱自己身心。当内心充盈，便会发现，幸福一直就在专注自我的旅程中。

我们永远不可能成为别人，又何必把注意力放在别人身上呢？我们向外看的目的，最终都是为了回到自己身上，而不是丢失自己。所以，请关注自己，活出自己。

- 学习新技能，培养新爱好。让我们抛开外界干扰，关注自身需求。让我们在自我探索中不断成长，这种源自内心的充实与满足，便是幸福的真谛。

- 专注自己是幸福的秘诀。我们不要随波逐流，不要与人攀比。我们要用心打磨自己，提升修养，充实内涵。当我们专注于自我的世界时，会发现每一点进步都是幸福的源泉。

- 专注自身成长，倾听内心声音，发掘潜能，追求热爱。在自我提升中收获满足，在坚守本心中拥抱幸福。

- 与其耗费时间去羡慕他人，倒不如将关注点放在自己身上。你的注意力在哪里，能量就在哪里；注意力在哪里，成长就在哪里。

- 我们每个人都不是完美无瑕的，却都是独一无二的。你只需要把目光投向自己，成长为属于自己的模样就行。

第六章

独立——你是谁应该由你自己决定

爱因斯坦说：“放在首要位置的永远应该是独立思考和判断的总体能力的培养。”

独立是一种强大的力量，它让我们在人生的舞台上自由起舞，不再依赖他人的目光和评价来认识自己。在独立的旅程中，我们会发现自己真正的价值和方向。

1

内心丰盈者，独行也如众

- 使生命感受到丰盈的，不是欲望的扩张，而是心灵深处的触动。

- 真正的内心喜悦和完美的心平气和，这是尘世间仅次于健康的珍宝，也只有在一个人孤身独处的时候才可觅到；而要长期保持这一心境，只有深居简出。这样，如果一个人的自身既伟大又丰富，这个人就能享受到在贫乏的世上所能寻觅到的最幸福的状态。

- 能够做到自我满足、自我愉悦，真切感知到所需的一切皆在自身之中，并且能够由衷地说出“我所拥有的皆源于自身”，这无疑是构成幸福的最为关键的要素。

- 但觉风过群山，花飞满天，内心安宁明净却又饱满。

- 在尘世中，遵循众人的观点去生活并非难事；在隐居时，依照自己的心意过日子也并不艰辛；然而，伟人之所以能成为伟人，恰恰在于他们身处人群之中，依然能够尽善尽美地坚守那份超脱尘世、与众不同的独特个性。

▸▸真正的愉悦源自内心深处，它只有在人类的心灵里才能够被寻获。

▸▸心里印着美的意象，常受美的意象浸润，自然也可以少存些浊念。

▸▸难道仅仅因为我身无分文、寂寂无名、容貌平凡、身形矮小，便被认为没有灵魂、缺少情感了吗？你想错了，我的内心与你同样丰盈，我的精神世界也与你一样富足！

▸▸花开是一种有情，是一种内在生命的完成，这是多么亲切呀！使我想起，我们也应该蓄积、饱满、开放、永远追求自我的完成。

▸▸我钟爱那心灵丰实而忘己，且与万物合一的人，如是，万物乃成为他的归宿。

▸▸你如何滋养内心，决定了你的世界，引领你走向未来。

▸▸快乐无法仰仗外在的物质与虚荣来获取，而需凭借自身内心的高尚与正直。

▸▸ 真正内心富足的人，他们如同深邃的湖水，平静且深不可测。他们蕴含着无尽的智慧与力量，而非浅薄的欢愉或悲哀。他们每一次的经历与感悟，无论喜怒哀乐，都已成为心灵深处的宝贵财富。

▸▸ 内心丰盈的人，总是那么平静、从容，他们总能以积极的心态去面对生活的挫折与困难。因为他们知道，困难只是暂时的，而内心的富饶才是永恒的。

▸▸ 我们要学会保持内心的平静与满足，这是外界无法给予的珍宝。我们内心的富足，比任何物质的丰盈都来得更加珍贵。我们每个微笑背后，都藏着不为人知的力量。

- 生活的真谛在于精简与纯粹，内心的富足方为人生至乐之源。我们要控制欲望，追求内心的平和与满足，这才是丰盈内心的关键。生活愈简单，内心愈丰盈。

- 内心丰盈的人，他们的智慧和善良会像光一样照亮周围的人，他们的人生会因为内心的丰盈而变得更加美好和有意义。

- 内心丰盈的人，不会因外界的困扰而失去自我，反而会更加坚定自己的目标，散发出独特的魅力。

- 内心的充实和丰富是最为盛大的财富。一个内心蕴含着万千风景的人，定然胜过一个拥有万贯家财的人。

- 所谓的内心丰盈，不只是知识的积累，更是情感的滋养与智慧的沉淀。

- 你的内心如星辰大海，藏着无尽力量与温柔。

- 内心充盈的你，让世界因你而更绚烂多彩。

- **内心的丰盈，如同晨曦中的露珠，滋养着灵魂的每一寸土地。**

2

我从没觉得孤独，说浪漫些，我完全自由

- 自由是好东西，我们生活中不能没有它，就跟不能没有空气一样。
- 至于自由，最高贵的莫过于内心选择的意志自由，最普通的是免于束缚的生活上的自由。
- 所谓自由，不是肆意妄为，而是能实现对自我的掌控。
- 自由是上天的慷慨馈赠，任何一个同类的个体，只要具有理性，就有享受自由的权利。
- 我不应该抱怨我自己，因为我想自由自在。
- 自由不是想干什么就干什么，而是想不干什么就不干什么。
- 自由是多么可贵的事，心灵的自由更是我们要牢牢把握住的。

自由有时会发生流弊，但我们决不因为自由有流弊便不主张自由。

自由并非遥不可及，而是能够实现的。人生的关键所在，就是不要去做那些阻碍自由的事情。

于我而言，能在喜欢的时光里，以钟爱的方式，去做那些喜欢之事，这便是自由之人的模样。

自由是令人迷惑的：人们占有它的时候，往往不知道有它；直到失去了，没有了，他们才知道它。

自由一旦扎根，就会像植物一样迅速生长。

没有一个人反对自由，如果有的话，最多也只是反对别人的自由。可见各种自由向来就是存在的，不过有时表现为普遍权利而已。

真正的自由是有做你应该做的事情的自由，而不是获得你想要得到的东西。

自由是人类具有的第二个特点，对于我们来说，它的重要性与理性相等。而如果没有自由，我们就不能利用自己的理性。

▸▸ 如果你身家富足，那要像枣树一样慷慨给予；可要是你并无东西可施予他人，那便学柏树一样，做个自由的人吧。

▸▸ 自由是心灵的氧气，让我们在生活的重压下得以喘息，在纷繁的世界中保持清醒，于岁月的长河里书写属于自己的传奇。

▸▸ 孤独是他人眼中的定义，而自由是我内心深处的感受。在独自前行的道路上，我与风为伴，与星辰对话。我享受这份无人打扰的宁静，我的思绪可以肆意飘荡，我的心灵能够尽情飞翔。

▸▸ 我从没觉得孤独，我很自由，像一只独自飞翔的鸟，穿越云层，俯瞰大地。虽无同伴相随，但广阔天空任我遨游。这份自由，胜过万千陪伴，让我无畏无惧，勇往直前。

▸▸ 自由，是风在旷野的不羁，是鸟在蓝天的翱翔，是鱼在深海的畅游。它是心灵的解脱，是灵魂的释放，它让我们在无边的世界里，找寻到最真实的自我。

▸▸ 我渴望拥有能做自己的自由，以及敢做自己的勇气。

▸▸ 自由，是放下过去的释然，是拥抱未来的期待。它让我们挣脱枷锁，飞向辽阔的天空，去触摸那遥不可及的梦想。

3

生活需要烟火，也需要静静的美好

▸▸幸福不喜欢喧嚣浮华。这个世界已经够喧哗的了，现在需要的只是静静面对内心。

▸▸烟火的确带来了很多欢乐，像彩虹一样，点缀了这年长的一代人的生活。

▸▸我看着那些上升的烟火，觉得他们安详得近乎优雅。

▸▸我觉得安静是更大的热情，是更饱满的热情。很多人觉得安静是因为热情消失，但也可能是热情到了更饱满的状态，开始平静无波。

▸▸所谓人生的价值，所谓生命的意义，也必须是带有人间烟火气的。

▶ 人间烟雨，极有道理。与其每天在烦恼中浮沉，与非志同道合的人作口舌之争，不如多做些放松心情的事情。

▶ 幸福的日子在很大程度上是安谧的生活，毕竟真切的欢乐仅能孕育于安谧的氛围里。

▶ 有时候，能在这个粗糙的世界里创造出一些属于你自己的细致和美丽，无论是精神上还是实质上的。有时候，能在冷漠的人群里创造出一个属于你人生的温暖而充满各种感觉的角落。这就是一种幸福。

▶ 我浸在这繁密的花朵的光辉中，别的一切暂时都不存在，有的只是精神的宁静和生的喜悦。

▶ 要记得在平淡无奇的物质生活层面之上，还存在着更为引人入胜的精神世界。这个世界恰似高悬于头顶的那轮明月，它不耀眼，却流溢着静谧且祥和的光辉。

▶ 生活需要烟火，那是人间的热闹与喧嚣，是街头巷尾的吆喝，是亲朋好友的欢笑；生活也需要静静的美好，是独自品茗时的沉思，是窗前听雨的静谧，是夜读一本好书的沉醉。在烟火与宁静之间，我们方能领略生活的真谛。

▶▶烟火是生活的调味剂，它让平淡的日子有了滋味，让枯燥的时光变得有趣。生活需要这缕缕烟火，让我们在尘世中找到归属。

▶▶生活需要烟火，那是柴米油盐的琐碎，是集市的喧闹，是节日的狂欢；生活也需要静静的美好，是清晨那第一缕阳光轻柔地洒落在窗台的温馨，是午后树荫下的小憩，是深夜里与自己心灵的对话。烟火温暖了岁月，宁静抚慰了灵魂。

▶▶生活需要烟火，它是炉灶上跳跃的火苗，是夜市里闪烁的霓虹，是人群中传递的热情；生活也需要静静的美好，是一朵花在角落里悄然绽放，是一片叶子在风中轻轻飘落，是一颗心在寂静中感悟生命的真谛。烟火让生活充满活力，宁静让生活富有诗意。

▶▶生活需要烟火，那是家人围坐的温馨，是朋友相聚的欢乐，是街头美食的香气；生活同样需要静静的美好，是独自漫步在公园小径的悠然，是静静聆听一首老歌的感动，是在月光下回忆往事的甜蜜。烟火是生活的温度，宁静是生活的深度。

▶▶没有烟火的生活，如同没有繁星的夜空，暗淡无光。生活需要烟火，需要那充满生机与活力的瞬间，来点亮我们前行的道路。

- 生活需要烟火，这烟火是繁华都市的车水马龙，是乡村集市的熙熙攘攘，是人间烟火气的浓郁芬芳；生活也需要静静的美好，是山间小溪的潺潺流淌，是草原上微风的轻轻抚摸，是心灵深处那片宁静的港湾。烟火给予生活热闹，宁静赋予生活安宁。

- 生活需要烟火，它是热闹集市中的讨价还价，是节日庆典中的烟火绽放，是邻里之间的亲切问候；生活也需要静静的美好，是一本书、一杯茶的午后时光，是夜空中闪烁的星星，是内心深处那份不被打扰的宁静。烟火点亮生活的色彩，宁静沉淀生活的韵味。

- 生活需要烟火，因为那是平凡日子里的小幸福，是岁月长河中的璀璨星光；生活也需要静静的美好，就像夜晚的繁星，在无声中闪烁着温柔的光芒，照亮我们内心的角落。

- 生活的快节奏让我们疲惫不堪，此时更需要静静的美好来滋养灵魂，比如一朵花悄然绽放的瞬间。

4

有些路你要一个人走

终于明白有些路，只能一个人走。那些约好同行的人，一起相伴雨季，走过年华，但终究有一天会在某个渡口离散。红尘陌上，独自行走，绿萝拂过衣襟，青云打湿诺言。山和水可以两两相忘，日和月可以毫无瓜葛。那时候，只一个人的浮世清欢，一个人的细水长流。

形单影只又何妨！你本就孤身降临这世间，终也得独自踏入那茫茫雾霭之中。

孤独一点，在你缺少一切的时候，你就会发现，你还有个你自己。

我钟情于孤独，在这世间，我未曾邂逅比孤独更契合的良伴。置身于熙攘人群之间，大概比独处室内更为寂寞。

我可以孤独吗？我常常静下来问自己：我可以更孤独一点吗？我渴望孤独，珍惜孤独。好像只有孤独，生命才可以变得丰富而华丽。

- 有人虽然独处但心是浮躁的，有人虽处在人群中依然是孤独的。真正的孤独是一种专注于自己的状态，既非自私亦不是自大，而是让自己心灵的空间不被外界打扰。人生在世本质上是孤独的，许多人生的课题也必须孤独地面对而无法让别人分担。

- 我喜欢适度的孤独，心灵上最释放的一刻，总舍不得跟别人共享。

- 我要说的是，孤独没什么不好。使孤独变得不好的，是你害怕孤独。

- 竭力想要挣脱自身的孤独，终究是枉然。你这一生都得与这份孤独相伴，只是在某些偶然的瞬间，那内心的空缺才会被暂时填满。

- 对于一个拥有卓越精神禀赋的人而言，孤独有着双重益处：其一，他能够全然地做自己；其二，他无需勉强自己与他人共处。

- 只有坦然接纳孤独，才能够品味到不随波逐流的悠然自得。孤独有多少，所触及的真实就有多少。

▸▸ 一个人的时光，是自我成长的旅程。我读喜欢的书，追遥远的梦，看世间的风景。无人束缚，无人牵绊，这种自由让我沉醉，让我欣喜。

▸▸ 有些路你要学会一个人去走，这并不是孤独，而是成长的必修课。在独自前行的路途中，你会学会坚强，会懂得思考，会领悟生命的真谛。这无人陪伴的旅程，恰恰是我们觉醒的契机，是我们内心力量的积聚。

▸▸ 有些路你必须一个人走，这不是孤独，而是选择；有些苦必须一个人扛，这不是坎坷，而是责任。

▸▸ 在独行中，你会品味到孤独的滋味，也会感受到自由的力量。那些独自走过的岁月，终将成为你生命中最宝贵的财富，让你变得无比强大。

▸ 你也许会有迷茫，也许会有恐惧，但是有些路你注定要一个人走，那是命运安排的独特旅程。当你拥有这份独自面对的勇气时，你会发现自己的无限可能。最后，在这孤独的道路上，你绽放出了最耀眼的光芒。

▸ 没有温暖陪伴，没有他人的搀扶。有些路你要一个人走，但是不要害怕，这是你与自己对话的时刻，这是你探索内心深处的机会。一个人的路，虽充满艰辛，却也能收获最珍贵的风景。

▸ 有些道路注定只能由你独自前行。哪怕风在吼，路漆黑。只愿今后抬头便能望见阳光，重重难关都能闯过，个个难熬之夜都能熬过。悲伤喜悦唯有自己化解，在悄然中崩溃，于默然里自愈。

▸ 这个世界，看似繁杂多样，实际从本质上来讲，依旧是属于你一个人的世界。既然终究不是那种八面玲珑之人，讨不来四海八荒的欢喜，那不如就在属于自己的角落里，围起一炉安静的烟火，与独处和谐共处，和万事讲和，做一个独立自主、英勇无畏的人。

▸ 你可能会一个人走一段黑夜，但是后来别人问你的时候，你就说那天是漫天星光和一路歌唱。你不是刻意地美化人生，你只是提醒自己不要沉沦在逆境里。

5

俄罗斯方块告诉我们，你合群了，你就消失了

合什么群，合谁的群，和谁合群？你总关心别人怎么看你，但狼从来不理会一只羊的意见，你不需要合群，做你自己就好了。

人的群居生活可被视为人与人之间相互的精神取暖，这类似于人们在寒冷的天气拥挤在一起以身体取暖。不过，自身具有非凡思想热力的人是不需要和别人拥挤在一块儿的。

真正不合群的人沉浸在自己的世界里，他们敢于站在一群人的对面，披星戴月，日月兼程，拼命赶路。

真正能够标新立异、自成一派的人总是凤毛麟角，绝大多数人不过是亦步亦趋，跟在他人身后转罢了。

特立独行的人总是令人反感，因为他们与众不同的方式使周围的人感到自卑。而自卑情绪的对象则可能不尽相同，或许是自卑自己的表象不如人，或许是自卑自己的内心不够强大。

很奇怪我们不屑与他人为伍却又害怕自己与众不同。

凡是不愿随波逐流的人都要耐得住那份寂寞。

我并非不合群，只是群中无人懂我心。我选择独自前行，在寂静中聆听内心的声音，寻找属于自己的星辰大海。

众人皆在群中欢，我独守一方静。不合群，不是孤僻，而是我的灵魂在喧嚣之外，寻求更深层次的宁静与自由。

他们说我不合群，可我只是不想在庸碌的群体中迷失自己。我愿在孤独中绽放，独自芬芳。

群聚的热闹抵不过内心的孤独，我选择不合群，只为与自己的灵魂相拥，倾听内心最真实的渴望。

▸▸过度合群，会让你的个性被磨灭，独特的光芒被遮掩。勇敢地走出人群，做那个与众不同的自己。

▸▸在众人追求热闹与融合时，不合群，是对世俗标准的勇敢背离。我们选择不合群，我们选择独自思考，独自探索。因为我们深知，真正的自我，在孤独中才能得以绽放。

▸▸我们要学会不被群体的思维所束缚，不被大众的喜好所左右。坚持自我，独立前行，哪怕路途寂寞，我们也坚信彼岸有属于自己的光芒。

▸▸不必刻意追求合群，因为在人群中随波逐流，往往会迷失真正的自我。有时候，独处和独立思考，能让你发现更独特的风景。

▸▸人不需要时刻处在群体之中，远离过度的合群，你会有更多时间和精力去探索自己的兴趣，挖掘自身的潜力。

▸▸真正的聪明人，多数不那么合群。他们习惯于独立思考，总是能在人群中保持自己的节奏。

这世上，很多人为了追求所谓的合群，要不虚与委蛇，要不趋炎附势。他们选择合群，无非是害怕自己成为别人眼里的异类。

高质量的社交，向来是一场筛选。真正聪明的人，从不愿合群，他们懂得与自己相处，正视自己的内心感受，给予自己社交自由，永远不会在意周围的是是非非，而给自己设限。

猛兽往往是特立独行，只有牛羊才成群结队。

一个活得聪明的人，敢于叫停自己的圈子，敢于不合群，回归自己的世界，专注自己，做回自己。

6

独处时，自己才能拥有一整颗月亮

- 生活在人群当中必然要求人们相互迁就和忍让，因此，人们聚会的场面越大，就越容易变得枯燥乏味。一个人只有在独处的时候，他才可以完全成为他自己。谁要是不喜欢独处，那他也就是不热爱自由。

- 你可以独来独往，但不能让人觉得你有敌意。你可以孤芳自赏，但不必使别人觉得你瞧不起他们。

- 一个人只有在独处时，他才能完全做自己。一个不喜欢独处的人，是对自由缺乏热爱的人，因为一个人只有在独处的时候才能获得自由。

- 当我和别人之间没有联系的时候，我感到孤独，但是当我身处人群的时候，我感到寂寞。

- 倘若你于独处之际觉出孤寂，这便意味着你还未与自我成为莫逆之交。

▸▸ 喜欢独处，是因为在这喧嚣的世界中，只有独自一人时，才能看清内心的渴望，找到生活的真谛。

▸▸ 我倾心于独处时光，在这世间，我从未寻得比独处更佳的陪伴。多数时候，当我们走出家门，置身于人群之中时，内心的孤独之感反倒比安坐在自己屋内时更为浓烈。

▸▸ 独处，是一场自我的修行。在无人打扰的空间里，反思过去，审视现在，畅想未来。让思绪尽情飘荡，让心灵得到滋养，遇见更好的自己。

▸▸ 与其低质量地社交，不如高质量地独处，我不再装模作样地拥有很多朋友，而是专注在自己的世界里，以真正的我开始了独自生活。

▸▸ 在独处的时光里，世界安静得只剩下自己的呼吸声，思绪如轻盈的羽毛，自由飘荡，这是灵魂与自我的深度对话。

▸▸ 独处并非孤独，而是一场与自己的浪漫约会。在这静谧的时光中，我读懂了自己的喜怒哀乐，拥抱了最真实的自我。

▸▸ 一个人，一本书，一杯茶，一段独处的时光，便是人间最美的风景。在这宁静中，我找到了内心的平衡与力量。

▸▸独处，是给自己的心灵放个假，让疲惫的灵魂在寂静中得到滋养，重新焕发出生机与活力。

▸▸一个人最理想的状态，便是处于独处之时，安静且自在。不受到束缚，不勉强迁就，不刻意迎合，去做自己喜爱的事情。

▸▸远离人群的喧嚣，独处，是我们与世界的和解。我们看清了生活的本质，接纳自己的不完美。我们享受这份宁静，我们感恩生活的赐予，让心灵得到升华。

▸▸独处，不是闲云野鹤隐居避世，而是心怀理想独自前行，一个人多读点书，多学点东西，多思考几个问题，总是好的。享受一个人的孤独，不追寻任何人的脚步，踏上专属于你的大路。

▸▸人生至佳之境当属充盈的静谧，而这般境界，唯有在独处之时方可到达。

▸▸看似热闹的城市里，每个人都有独处的时光，没有人能永远陪伴你，我们都是这世界的独行者。

▸▸独处是一个人的欢愉时光，是宁静，也是自由之态。

▸▸在独处里独乐，就像灵魂得到释放。

第七章

回归——喜欢自己，比喜欢世界重要

有人说：“不要等待别人来取悦你，自己主动去寻找快乐和满足。”

在历经千帆之后，我们回归了自我，才发现原来喜欢自己才是生活的真谛。我们无须为了迎合世界而改变自己，而要在自己的世界里，找到那份最纯粹的快乐。

1

生活是一个取悦自己的过程

▸▸ 要是无法讨好全世界，那就首先讨好自己吧。别等憔悴了才知道要对自己好，讨自己欢心，永远不会太早和太迟。

▸▸ 生命是我自己的东西，我用它去做我喜欢的事情，这样我就能够快乐。如果我做的事情自己不喜欢，这样一辈子就太委屈自己了。让自己高兴，这应该是成功的标准之一。

▸▸ 一个不欣赏自己的人，是难以快乐的。

▸▸ 与哗众取宠相比，我更喜欢取悦自己。毕竟你喜欢，不如我爽快。

▸▸ 我赞颂自己，高歌自己，我所拥有的一切你也会拥有，因为属于我的每个原子同样属于你。

▸▸ 多少年来，你一直努力取悦别人，取悦你想要取悦的人、取悦这个世界，又要多少年后，你才懂得取悦自己？

▸▸ 人生短暂，别总忙着取悦他人，学会取悦自己才是真谛。给自己买一束鲜花，读一本心仪的书，来一场说走就走的旅行。在每一个平凡的日子里，为自己制造一份惊喜，因为你值得拥有这世间所有的美好。

▸▸ 戴上耳机，让音乐流淌过心田，每一个音符都是对生活的热爱，每一首歌都是给自己的赞歌。

▸▸ 我们取悦自己，是对生活最深情的告白。穿上自己喜欢的衣服，不必在意他人的眼光；品尝自己爱吃的食物，满足自己的味蕾；沉浸在自己喜欢的音乐中，让心灵自由飞翔。让我们用心爱自己，生活将因你的取悦而变得绚丽多彩。

▸▸ 我们不要在他人的期待中迷失自我，我们要学会取悦自己。在清晨的阳光下慢跑，感受微风的轻抚；在宁静的夜晚，抬头仰望星空，寻找属于自己的那颗星。让我们把时间留给自己，让快乐由内而外地散发，这才是生活的真谛。

▸▸ 取悦自己，是一种智慧。放下别人的看法，专注于自己的内心。给自己一个微笑，为自己的努力鼓掌。在属于自己的小世界里，尽情地欢笑、哭泣、成长。这是因为，我们只有先取悦了自己，才能更好地拥抱这个世界。

▸▸ 生活是自己的，取悦自己是最重要的事。泡一杯香醇的咖啡，坐在窗前静静品味；画一幅心中的美景，表达自己的情感；听一场精彩的讲座，充实自己的头脑。以自己喜欢的方式生活，就是对自己最好的馈赠。

▸▸ 去看想看的电影，去追想追的梦，去做最真实的自己。我们不要为了迎合他人而委屈自己，取悦自己才是王道。在取悦自己的过程中，你会发现生活的美好，你会收获内心的宁静与满足。

▸▸ 生活不总是诗和远方，但总有一刻，是属于你自己的小幸福。享受这份宁静，让心灵自由飞翔。

▸▸我们不应看到他人发光，就认为自己暗淡无光。你既可以是一朵娇艳的玫瑰，也能够是生生不息的野草，这仅有一次的人生，你要比谁都活得更有自信，取悦自己才是心之所向。

▸▸取悦自己，比取悦别人更重要。一个善于取悦自己的人，才能活出最真实的自己。一个活得真实的人，才能获得他人发自内心的喜爱。

▸▸余生，学会取悦自己，保持快乐心情，接纳自己的一切，只要余生里今天过得比昨天舒心快乐，就是最好的日子。

▸▸记得，取悦自己，不仅仅是一种选择，更是一种能力。愿你在每一天里，都能找到属于自己的那份快乐与满足。

▸▸取悦自己，无须奢华，一缕阳光、一杯香茗，足以让心灵沉醉。

2

一眼看开便是幸福，一念放下便是万般自在

- 你永远要宽恕众生，不论他有多坏，甚至他伤害过你，你一定要放下，才能得到真正的快乐。
- 真的，只要舍得放手，就可换回自由。
- 如果不快乐，不幸福，唯有释怀；如果心有眷恋、心有羁绊，那便是煎熬。
- 等有一天，终于不再在乎，也就自由，也自在了。会有那一天吗？时间会让你明白所有的在乎都是自找苦吃，都是束缚，都得放下。
- 看开是福，看淡是幸。
- 有些事在接连不断的失望后，猛然间就彻悟了；有些人在反复看清真面目后，一瞬间就觉得没那么重要了。

任何事情，只要秉持着看淡的心态，便不会有什么可让人忧心的；只要能够在情绪激动时不刻意放大事情的严重程度，就没有什么能让你生气的。

一件心事，想开了，固然很好。一件心事，怎么想也想不开，干脆将它丢掉，不去想不是更好？

当你了解世间一切的空性，你就知道要学着不在乎。好多事情，不会因为你在乎而改变，也不会因为你在乎就变成你喜欢的样子。不如把用来在乎的时间和精力去做更有意思的事，成为一个更好的自己。

人生如梦，我们要学会看开，放下那些过往的执念，才能让心灵轻盈地飞翔。曾经的纠结与痛苦，不过是生命中的尘埃，我们轻轻将它拂去，便会得到一片澄澈的天空。

看开，是一种智慧；放下，是一种勇气。我们不再执着于无法改变的过去，也不再为琐事烦忧，让心回归宁静。只有这样，我们才能拥抱生活中的美好。

放下，自在，莫叫我什么都等来世，
你我都明白人生并无下辈子。

人们在舍弃一切、放下一切的同时，也会得到一切、觉悟一切。

看开了，心就不累了；放下了，人就轻松了。不再为失去的懊悔，不再为得不到的纠结，让生命在洒脱中绽放出最绚丽的花朵。

人生的旅途中，有太多的风景值得我们欣赏，别让过去的阴影遮住了我们未来的光芒。我们要学会看开、放下，以一颗宽容的心去接纳生活的不完美，这样才能拥抱更广阔的天地。

我们选择放下，并非舍弃一切，而是在纷繁的世界中，找到内心的平衡；我们选择看开，并非无视烦恼，而是在风雨过后，依然能微笑面对。让我们学会放下与看开，让心灵在宁静中找到归宿。

看开世间的繁华与落寞，放下心中的执着与贪恋。当我们学会用一颗淡然的心去面对生活时，会发现，原来幸福一直都在身边。

人生苦短，何必为过往的遗憾而耿耿于怀。看开，让烦恼随风飘散；放下，让心灵重获自由。从此，心向阳光，无畏悲伤。

- 生活中不如意十有八九，看开了，心就不累了。用一颗宽容的心去拥抱世界，你会发现，幸福其实一直都在身边。

- 人生的行囊太重，我们要学会看开放下，才能走得更远。舍弃那些不必要的负担，让心灵回归简单与纯净。只有放下，才能拥抱更多的美好。

- 有些人的出现，就是为了让我们开阔眼界的。所以，人一定要经得起花言巧语的哄骗，也要受得住虚与委蛇的应付，忍受得了欺骗的行为，忘却掉许下的承诺，放下所有的一切，历经磨炼变得精明，保持淡定、从容不迫。

- 放下过去，放下所有，让内心回归零的状态，一切都重新开始，不要再为过去的悲伤之事，浪费新的泪水。你要为往后的自己，鼓足勇气，重新出发。

- 懂得放下，生命才会更加完美。不以得为喜，不以失为忧，顺其自然，随遇而安，才能快乐。

- 不是所有的相遇都有结局，但每次经历都是成长。放下，不是遗忘，而是另一种开始。

3

尊重所有的声音，但只成为你自己

▸▸ 我们生命的过程，就是做自己，成为自己的过程。

▸▸ 至关重要的，不是旁人以为你是什么，而是你自己其实是什么。

▸▸ 你曾无数次叩响他人的门扉，无数次在不同的地方徘徊辗转，这一切的选择皆取决于你。最终，你会回到自己的内心深处，回到那一直潜藏于你心中的自我觉知。这份觉知独一无二，无人能够将其夺走。即便是自然的力量，或是那高深的“道”，也无法从你身上将其剥离。

▸▸ 别让我成为你发声的源头，你要全心沉入自己的内心世界，去聆听源自你灵魂深处的声音。倘若我能引领你走向那个自我洞察的境地，那我便配得上做你的导师；可要是我做不到，那我于你而言就是阻碍。当你真正开始聆听内心的声音，不再依赖我时，大可将我舍弃。

虽然外界声音很大，可我依旧希望你能勇敢地做自己，永远为自己而活，无须被定义。学会与许多声音共存，但不会被左右。最后，尊重所有声音，但只成为自己。

你所认为的你，并非真正的你，反倒是你怎么想的，你就会变成什么样的人。

世界上最大的事莫过于知道怎样将自己给自己。

你可以尊重别人的声音，那是世界的多元与丰富。但也请你记住，你只需成为自己。在他人的建议与评价中保持清醒，坚守内心的信念，沿着属于自己的道路坚定前行，绽放属于自己的独特光芒。

一百个人口中我们有一百种样子，但生活属于我们每个人的内心，而不属于任何人的看法。我们尊重所有的声音，但也只为成为自己。

尊重别人的声音，是一种涵养；而只成为自己，是一种勇气。在纷纷扰扰的世界里，倾听各方意见，却不迷失自我。以独立的姿态，书写属于自己的传奇。

外界的声音都只是作为参考而已，要是你不开心，那就别去参考。我们终其一生不是为了满足每个人，不必让这些声音影响自己，不要在闲言碎语中迷失自己。

▶▶人完成自己，不要用一个所谓世俗的标准，而是要做到自己的完成跟自己的完整。

▶▶我尊重所有声音，无论是朋友的建议、家人的期望，还是陌生人的看法，但不会随波逐流，不因他人的声音而泯灭自己的光亮，我只做自己认为正确的事。

▶▶尊重别人的声音，能让我们视野开阔；但只成为自己，才能让灵魂找到归属。在喧嚣与嘈杂中，保持内心的宁静，专注于自身的成长，做最真实、最独特的自己。

▶▶在这喧嚣的世界里，我深知，我只需成为自己。可以尊重别人的声音，那是多元的交响。但是，他人的意见如繁星闪烁，我心怀敬意地仰望，却不会迷失方向。

▶▶我喜欢倾听外界的声音，但却不让它左右我的步伐；我尊重每一种观点，但会坚定地守护内心的火焰。我，只会成为那个独一无二的自己，不畏风雨，不惧质疑。

▶▶别人的声音是风，吹过耳畔，会给我们带来不同的思绪碰撞。我尊重这每一缕风，却不会被其随意改变轨迹。我要成为那个在岁月中坚守初心的自己。

▶▶当你奋力疾驰时，耳边呼啸而过的唯有风声；当你脚步迟缓时，耳边听到的都是闲言碎语。

4

决定了就去做，主动一些才会快乐

- 在做出决定之前，些许的迟疑或许是在所难免的。但一旦下定决心，就应当坚定不移地朝着目标前行。

- 下定决心，果断行动，并承担后果。在这世界上犹豫不决成就不了任何事。

- 当着手去做一件事时，首要的是确立坚定的志向。志向既定，便需全身心投入，毫不迟疑地付诸行动。

- 我做事向来有个习惯，在做出抉择之前，总会冷静地思考、判断。可一旦我拿定主意，便会勇往直前，毫不犹豫地将其贯彻到底。

- 行动开展之前，一定要经过充分的酝酿考量；一旦下定决心，就需毫不犹豫地果断行动。

▸▸当你下定决心去做某件事时，就要坚定地将它做到最后，绝不能有丝毫退缩之意。事情最终能否成功，完全取决于你付出了多少努力。

▸▸未来是属于那些一旦做出决定，便会坚定不移、百折不挠、不实现目标绝不轻言放弃的人。

▸▸有些事你若是认为不该去做，无论别人怎么样威逼利诱，甚至用刀架在你脖子上，你也绝不要去做。若是你认为应该去做的事，就真要你抛头颅、洒热血，你也非去做不可。

▸▸我们一旦决定了，就要毫不犹豫地去做。主动出击，你会发现快乐如影随形。人生的精彩，往往源于果断的决定和勇敢的行动。我们每次的尝试都是成长，每次的前行都是收获。

▸▸当决定在心中扎根，那么行动便是快乐的源泉。所以，我们别再犹豫，别再徘徊，勇敢地迈出第一步，去拥抱那份因主动而绽放的喜悦。我们只有立即去做，才能在积极进取中体验真正的快乐，让我们的生命充满激情与活力。

▸▸当决定的念头闪现，立刻行动起来。因为只有在行动中，才能真正体验到快乐的真谛。

决定了就去做，别让犹豫偷走你的快乐。主动一些，世界会为你让路。每一次的行动都是对梦想的靠近，每一份努力都是对快乐的积累。

在这个充满可能的世界里，积极行动才是开启快乐的钥匙。只要我们决定了，就别让机会从指尖溜走。我们要主动去做，去追求，去闯荡。我们不要等待命运的安排，而要亲手创造属于自己的快乐之旅，因为主动的人生最快乐。

快乐并非遥不可及，它藏在每一个决定和行动中。如果你决定了方向，那么勇往直前，主动出击，去拥抱未知，去挑战困难。在这个过程中，你会发现快乐如春风拂面，温暖而充实。

生活是一场冒险，决定了就大胆去闯。主动去做，才能抓住快乐的衣角。

无论事情大小，一旦我们做出决定，就要立即行动，这样才能真正感受到生活的乐趣。我们决定并行动，不仅是为了完成任务，更是为了体验人生的酸甜苦辣，为了不断成长。

▸▸ 决定了就去做，主动拥抱生活的每一个可能。别让迟疑阻碍了快乐的脚步，用积极的行动点燃内心的火焰。

▸▸ 永远不要让自己困在无尽的计划和思考中，决定了就去做。所有真正有用的东西，所有真正有价值的真实的答案，几乎全部都是在你不断行动、不断做的过程中出现的。

▸▸ 决定了就去做，主动一些才快乐，人是自己幸福的设计者，别让任何人与事消耗你内心的晴朗。

▸▸ 决定了就去做，很多事情本来是遥不可及的，却因为你主动争取了，就会离你越来越近。

5

开心这种事，自己买单比较容易实现

- 所谓内心的快乐，就是一个人处于健全、正常且和谐的生活状态中所感受到的喜悦之情。

- 心情愉快取决于我们自己。

- 倘若一个人拥有属于自己的兴趣爱好，无论身处何方，他都能够沉浸其中，自得其乐，满心欢喜。

- 快乐本就不是绝对的，只要你自己觉得快乐，就是快乐。

- 我总是相信，一个人的幸福由自己去创造，自己的问题由自己负责，这是一个简单的哲理。

- 愉悦的心境能让你更敏锐地感知生命的每一次律动，以及生活中的每一处美好。无论是身体上的还是精神上的愉悦，都能促使身体成长，保持良好的健康状态。

决定你心情是快乐还是苦闷的，并非是你所拥有的物质、你的身份、你所处的位置或是你正在做的事情，而是你对这些事物的看法。

让自己变得聪慧起来，让内心充满喜悦的光芒。倘若能够做到，那就会让自己愈发睿智通达。始终让那份喜悦在心底扎根，这才是人生旅途中最为关键且重要的事。

一个人之所以快乐，并非是因为他拥有的东西多，而是因为他不斤斤计较。太过在意得失的人，往往会觉得自己被亏待。当一个人总是陷入这种“被亏待”的情绪中时，他是很难体会到快乐的。

给自己一个微笑，为自己的努力点赞，用自己的方式追求快乐。自己买单的开心，是最可靠、最持久的幸福源泉。

生活中，开心的秘诀或许就在于自己买单。不依赖他人的给予，不祈求外界的恩赐，自己为自己创造快乐的契机。无论是一本好书带来的宁静，还是一次运动后的畅快，这种由自己主宰的开心，最是可靠。

真正的快乐，通常需要依靠自己去获取。毕竟，只有自己才最为清楚自身的喜好，也最能够满足内心深层的渴求。自己为自己送上一束鲜花，给自己留出一段悠闲时光，这种由自主带来的愉悦，既简单又直白。

▶▶人生不长，不要活得犹豫和委屈自己，好的能量，一定是让自己舒畅的、自信的。想要过得好，要懂得主动地去争取你所热爱的一切，而不是被动地等待。

▶▶别把开心的希望寄托在别人身上，快乐随时都能兑现。自己去追求喜欢的事物，自己去体验未知的美好，这种自我满足带来的开心，才是最容易实现的。

▶▶当清晨的第一缕阳光洒在脸上时，我告诉自己，今天的开心由我主宰，不被外界的喧嚣所扰，只听从内心的声音。

▶▶在生活的舞台上，开心是自己导演的精彩剧目。无须依赖他人的掌声，自己就是那最璀璨的主角。

▶▶人生之旅，自己给予开心，就如同给自己的灵魂披上了一件温暖的披风，抵御世间的寒冷。

▶▶开心这种事，由自己来负责实现会相对容易些，山高路远，看世界，爱自己，一边努力，一边快乐。

▶▶自己创造的开心，是那永不停歇的旋律，在岁月的长河中奏响最动人的乐章。

▶▶想要开心？自己知足就好。在这个世界上，最能满足自己内心快乐的，往往是自己。

▶▶即使单枪匹马，也勇敢无畏。开心这种事，自己更容易实现。

6

与梦想平等交易，与喧嚣保持距离

- 我从不觉得追逐梦想是浪费精力，反倒认为梦想一直都与我们的实际生活息息相关。

- 一个有事业追求的人，可以把“梦”做得高些。虽然开始时是梦想，但只要不停地做，不轻易放弃，梦想就能成真。

- 梦想在生命中是非常重要的东西。为什么非常重要？因为只有梦想可以使我们温暖，只有梦想可以使我们有希望，只有梦想可以使我们保持充沛的想象力与创造力。

- 梦想做大事业，人或笑之，以为无益。其实不然。天下多少事业，皆起于一二人之梦想。今日大患，在于无梦想之人耳。

- 人生充满着各种梦想，如果你不努力追求自己的梦想，你就会被别人纳入追求他的梦想。

▸▸有些人把梦想变成现实，有些人把现实变成了梦想。关键是，你的梦想是什么，你为你的梦想做了什么。有梦想，就不会寂寞。当你寂寞的时候，只要招招手，你的梦想就飞到了你身边。剩下的事，就是琢磨怎样把梦想变成行动了。

▸▸梦想是一种挥之不去的感觉、挥之不去的潜意识，是深藏在人们心灵深处最强烈的渴望。它像一粒种子，种在“心”的土壤里，尽管它很小，却可以生根开花。平凡简单的生活，并不意味着失去精彩。坚持自己的梦想，人生的精华就在此刻浮现。

▸▸在这纷繁的世界里，我想与梦想平等交易，用我的汗水和努力换取它的青睐。同时，我要与喧嚣保持距离，不让尘世的纷扰侵蚀我内心的宁静。

在那片属于自己的精神净土上，精心培育梦想的种子，远离喧嚣的纷扰，等待它绽放出绚烂的花朵。

把心血献给梦想，把耳朵留给自己，与嘈杂纷乱保持距离。如此，方能在人生的道路上稳步前行。

付出全部的热情与执着去追逐梦想；为了守护心灵的净土，与喧嚣保持距离，让灵魂在宁静中绽放光芒。

淡泊、宁静，摆脱喧嚣的干扰。如此，我们便能在追梦的旅途中，不迷失、不浮躁，稳步前行，直至梦想成真。

与梦想平等交易，不惧风雨，不问归期；与喧嚣保持距离，安之若素，寂静欢喜。在这漫漫人生路上，坚守初心，逐梦远方。

追光而遇，是一种幸运与坚持。每一次与梦想光芒的不期而遇，都如同在黑暗中看到了闪烁的星辰，激励着我们奋勇向前。

喧嚣是生活的浮沫，梦想才是心底的珍宝。远离喧嚣，沉浸于梦想的深邃海洋，探寻无尽的可能。

让我们勇敢地去追求梦想吧，无论道路多么崎岖，我们都要坚定地走下去。与此同时，我们也要远离喧嚣的浮沫，回归内心的平静，我们要让梦想在宁静中生根发芽，茁壮成长。

▶▶每个人的梦想都是独一无二的，它来源于我们对未来的渴望和热情。梦想给予了我们力量和动力，让我们勇往直前，永不言弃地追逐自己的目标。

▶▶与梦想平等交易，把青春化作筹码；从喧嚣中抽离，将心灵置于净土，在逐梦的旅途中保持清醒与从容。

▶▶岁月的洪流可能会试图冲垮我们梦想的堤坝，但只要我们意志坚定，用勇气和毅力筑牢防线，梦想就永远不会被淹没。

▶▶将宁静留给自己，和喧嚣远远隔开。在追梦的旅途中，保持清醒，坚定前行。

▶▶梦想是我们内心的火花，它如同一颗种子，潜藏在我们心中，等待着开花结果。

第八章

绽放——让自己变成一束光

亦舒说："真正的才华如火焰般难以收藏，总会燎原。"

当我们走过迷失、困惑，学会拒绝、觉醒、专注、独立和回归后，我们将如鲜花般绽放。我们散发的光芒不仅照亮了自己，也温暖了世界。

1

永远诚实，日子和我都会发光

- 诚实是一种力量的体现，它彰显着一个人极高的自我尊重，以及内心深处的安全感与尊严感。

- 诚实是一个人成功的基础，一个人的成功要从诚实开始，诚实的品质必须从小培养。

- 一个彻底诚实的人是从不面对选择的，那条路永远会清楚无二地呈现在你面前，这和你的憧憬无关，就像你是一棵苹果树，你憧憬结橘子，但是你还是诚实地结出苹果一样。

- 不要说谎，所有缺德之事都同说谎有关。而诚实是高尚的表现。

- 我认为保持良好的记录是非常重要的。如果你从一开始就能够在诸如诚实这样简单的事情上，拥有完美的记录，你将会在这个世界上取得很大的成功。

▸▸ 诚实是构成雄辩能力的要素之一；正是凭借着我们内心的热忱与真诚，才能够让他人心悦诚服。

▸▸ 诚实，像我们所有的情操一样，可分为消极与积极两种类型。所谓消极的诚实，指的是在没有获取财富的机遇时，保持诚实的品性。而积极的诚实，即使每日都面临种种诱惑，内心却始终不为所动，坚守诚实的准则。

▸▸ 沿着正直诚实的人生轨迹前行，必然会迎来一个问心无愧、坦然自适的归宿。

▸▸ 要对自己保持绝对的诚实，不要自欺欺人，对自己是个什么样的人，喜欢什么，想要什么，会做出怎样的反应要有清楚的了解。

▸▸ 倘若善良的面容可被视作一封推荐信，那么，诚实的内心无疑就是一张极具分量的信用证。

▸▸ 诚实，宛如天上的明月，它以其澄澈的光华驱走了人间的阴霾与黑暗。它尽情地绽放着自身的光辉，始终保持着那份纯净、明亮与美好。

▸▸ 诚实的品质永不褪色，它栖息于每一个善良无华的心间，在每一个诚恳真挚的前行足迹中播撒希望，繁衍不息。

▸▸当你诚实地与他人交流内心时，才能彻底打开对方的心门；始终以坦诚的姿态对待他人，往往更有助于赢得对方的理解与体谅。

▸▸真正的诚实，是能够真实面对内心的感受、动机、欲望和恐惧。我们只有对自己诚实，才能真正获得内心的平衡与自由。而在自我欺骗面前，诚实则变得更加复杂和深远。

▸▸诚实是一种生活态度，一种对自己、对他人、对世界的尊重。我们在追寻真实自我的路上，需要勇敢地面对自己的脆弱和局限，坦诚地接受过去的伤痕和困难。我们只有诚实，才能更好地理解自己，拥抱世界。

▸▸真正的诚实，归根结底是一种对自己的诚实。它不是表面上的坦诚相待，而是深入到内心的自我对话。

▸▸诚实贯穿于你的整个人生，就像脉络一样存在。没有诚实，做任何事都没有价值，同时也没有根基，就如同浮萍一般。

诚实，是令人感到舒心的修养。不是虚情假意的应酬客套，而是推己及人的尊重与理解，是一种直接抵达人心的温暖和抚慰。

诚实，是让人放心的人品。坦荡和诚实，永远是最能打动人心的力量。

2

夏天藏在日落里，爱意也是

- 爱，最初的含义便是奉献，是心甘情愿地把源自自己心灵的强大力量，馈赠给所钟情的人，用心去为对方打造幸福的天地。
- 发自内心的真爱，在奉献之际最显丰盈。一旦觉得这种付出是牺牲，那么它便不再是纯粹而真挚的爱了。
- 要得到别人真正的爱，首先要懂得怎样去爱人。

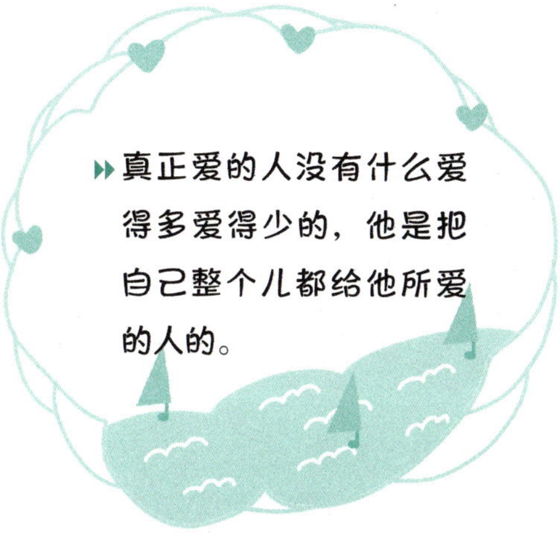

▸▸爱一个人，意味着要主动付出自己的真心与情感，不怀揣着对回报的期待，并且坚信凭借自己这份真挚的爱，必定能够唤醒对方心中同样的爱意。

▸▸尽管谁都愿意享受被爱，但爱比被爱幸福。爱的本质是主动的给予。

▸▸只要心中有爱，你就会下意识地想为心爱的人做些什么。你会有牺牲自我的冲动，渴望能为对方倾心服务。

▸▸爱，本质上就是要以自己的心灵去敏锐感知他人内心深处最细腻、最独特的精神需求。

▸▸说到底，爱是根本的希望；爱，这才需要诉说。

▸▸爱不是相互的煎熬，而是让所爱的人因为自己而幸福，而不是因为自己而痛苦。

▸▸爱的至高准则在于毫无保留地将自己交付给对方，并且在内心深处觉得，唯有在对方的认知和意识中，自己才能真正认清和理解自身。

▸▸爱，是世间最温柔的力量。它能抚平伤痛，点亮黑暗，让心与心相拥，让灵魂不再孤单。

▸▸ 爱是一场无声的细雨，滋润着干涸的心灵，让希望在心底生根发芽，绽放出生命的璀璨光芒。

▸▸ 真正的爱，不是甜言蜜语，而是默默陪伴；不是海誓山盟，而是患难与共。它于平平无奇的岁月里，闪耀出最为耀眼夺目的光辉。

▸▸ 爱，是冬日里的暖阳、夏日里的清风，是疲惫时的依靠，是失落时的鼓励，它无处不在，却又无比珍贵。

▸▸ 爱无须华丽的辞藻修饰，它在一个眼神、一个微笑、一次拥抱中自然流露，温暖人心。

▸▸ 夏天藏在日落里，爱意也是。那一抹绚烂的余晖，是夏天最深情的告白。而我心中的爱意，如同这落日余晖，在夜幕降临时，化作点点繁星，照亮你的天空。

▸▸ 夕阳的暖光里，藏着夏天的秘密，也藏着我对你无尽的温柔与眷恋。

▸▸ 我对你的爱意，如这日落一般，在时光的流转中，愈发醇厚。每一个日落时分，都是夏天的诗意，也是爱意的倾诉。

▸▸我的爱意，也如同这日落中的光芒，默默照亮你的世界，虽不张扬，却永恒存在。

▸▸日落是一天的繁华落幕，却美得让人心醉。爱意也是，不喧嚣，不张扬，在每一个日落时分，静静绽放，将芬芳沁入彼此心间。

▸▸日落是一场美丽的告别，也是我们对未来的期许。让我们一起在日落的时光里，用心感受生活的美好，用爱携手美好的恋人，一起走过每一个夕阳。

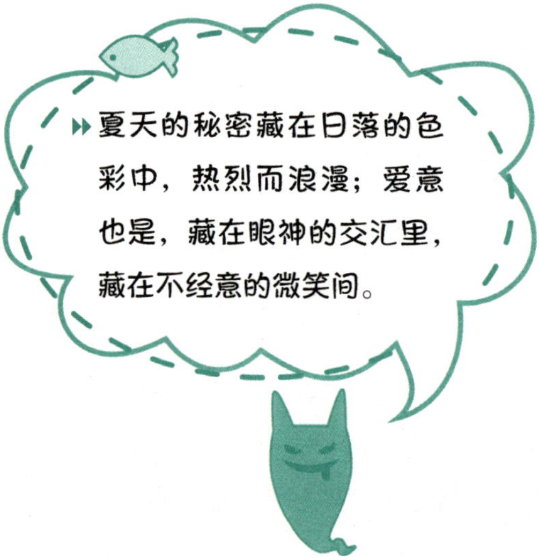

3

去给予，你会收获更多

▸▸ 给予是力量的最高表达。恰恰是通过“给予”，我才能体验我的力量、我的富足和我的能力。

▸▸ 一个人给予别人的东西越多，而自己要求得越少，他就越好；一个人给予别人的东西越少，而自己要求得越多，他就越坏。

▸▸ 给予一切后，你反而更丰富更充实地存在。

▸▸ 给予并非是为了从他人那里得到回报，因为给予的过程本身就能带来无与伦比的愉悦。

▸▸ 获得是一种满足，给予是一种快乐。

▸▸ 你光索取不奉献，光拿不给，那就会像一盆水，你舀一碗，我舀一碗，不就舀空了吗？盆子不就干了吗？所以，既要有所索取，也要有所回馈，这个社会才能存在，才能进步，要不然这个社会就要垮了。

▸▸给予快乐，要从对方的需要出发，而不是以自己认为的方式去给予，否则会变质为痛苦。

▸▸你要记住，要一直满怀欢喜地去给予他人更多，同时尽可能少地从他人那里获取东西。

▸▸我们能尽情享受的，只是施与的快乐。

▸▸最好的满足就是给别人以满足。

▸▸给予，是无私的奉献，是不求回报的付出，是用爱与关怀编织的美丽画卷。它是心灵深处绽放的花朵，芬芳四溢，温暖着他人的世界。

▸▸给予，如同冬日里的暖阳，驱散寒冷，给人们温暖和希望；又似黑夜中的明灯，照亮前行的道路，让迷茫的人找到方向。

▸▸我们给予微笑，能化解他人的忧愁；我们给予帮助，能减轻他人的负担；我们给予理解，能抚慰他人的心灵。在给予的过程中，我们不仅成就了他人，也丰富了自己的灵魂。

给予，是一种超越物质的力量，是心灵的交融与传递。它不是简单的赠予，而是源自内心深处的善意和慈悲。

给予，是生命中最动人的旋律，奏响着爱与关怀的乐章。它是一份深情的礼物，无须华丽的包装，却蕴含着无尽的温暖。

给予一个拥抱，能给孤独者安慰；给予一句鼓励，能给失落者勇气；给一份信任，能给迷茫者力量。每一次的给予，都是在播种善良的种子，让世界因我们的付出而更加美好。

给予，是一场心灵的修行，是对生命意义的深刻诠释。它不是为了获取赞誉或回报，而是出于内心的纯粹和善良。

我们给予一份爱心，就能点燃希望的火炬；我们给予一份尊重，就能营造和谐的氛围；我们给予一份宽容，就能化解仇恨的坚冰。通过给予，我们传递着人性的美好，也让世界充满爱与光明。

给予，是人类灵魂中闪耀的光辉，是连接彼此心灵的桥梁。它是在他人困难时伸出的援手，是在他人悲伤时给予的安慰，是在他人迷茫时指明的方向。

▸▸ 我们给予了支持和鼓励，去帮助他人实现梦想；我们给予了宽容和新生，去包容他人的过错。在给予的旅途中，我们收获的是内心的宁静和满足，是生命的丰盈与升华。

▸▸ 给予是一种传递爱与关怀的方式，它让人们的心灵更加充实和满足。

4

心存善良，永远是一笔大财富

▸ 善良是一种跨越障碍的世界通用语言，它所散发的温暖与善意，足以使盲人产生触动。

▸ 倘若你确实是一个心地善良且品行正直的人，那么，在你践行仁爱、坚守道义的过程中，大概不会遭遇伤害。

▸ 善良源于对生活的建设，源于对新事物的创造，源于对生活真谛以及美的追求与确立。善良的品格和美相互依存，有着无法分割的关联。

▸ 在所有的道德品性当中，善良这纯粹而美好的天性，在这世间是最不可或缺的。

▸ 在生活中，无论何种评论，最基本的出发点都应是善良。

▸▸善良，这是一个最单纯的词汇，又是一个最复杂的词汇。它浅显到人人都能领会，又深奥到无人能够定义。它与人终生相伴，但人们却很少琢磨它、追问它。

▸▸善良是历史中稀有的珍珠，善良的人便几乎优于伟大的人。

▸▸对待一切善良的人，不管是家属，还是朋友，都应该有一个两字箴言：一曰真；二曰忍。真者，以真情实意相待，不允许弄虚作假；对待坏人，则另当别论。忍者，相互容忍也。

▸▸善良和谦虚是永远不应令人厌恶的两种品德。

▸▸善良仁爱之人，内心必定充满同情与悲悯，而那些对他人苦难无动于衷、冷漠麻木的人，绝无可能以善意对待他人。

▸▸真正的善良是不计回报的。阳光普照山河，并不需要得到山河的理解，春风吹拂大地，也不在乎大地的表情。

▸▸善良使您完全生活在人生最年轻最纯洁的感情之中。

▸▸善良，这种人类与生俱来的美好品质，总能唤起我们心底的希望，让我们坚信那充满光明与人道关怀的生活终会重新焕发生机。

- 善良的言辞或许简短而朴实无华，然而它们所产生的影响却如同悠远的回声永不磨灭。

- 善良的行为具备这样一种益处，它能够让一个人的灵魂得到升华，进而使其能够做出更为美好的举动。

- 当善良在心底扎根，就好似怀揣着熠熠生辉的稀世珍宝，于悠悠的生命长河里，散发着温馨且温润的光芒。它是心灵深处最真挚的情感，是对世间万物的悲悯与关爱。

- 当我们看到他人陷入困境，那份善良会驱使我们去关怀；当我们面对不公与邪恶，那份善良会给予我们勇气去抗争。

- 我们的善良也许会遭遇误解，也许会被辜负，但真正心存善良的人从不因此退缩。因为他们深知，善良本身就是一种无价的回报。

- 当善良化作生活里的一种习惯，快乐便似潺潺的溪流，时刻在心底涌动蔓延，不仅让自己沉浸在愉悦之中，还能将这份美好传递给身边的人。它无关地位、财富，它是人性中最纯粹、最赤诚、最真实的一种情愫。拥有善良，就让自己有了光芒。

- **我们坚守着内心的纯净，用善良去化解矛盾，用爱去包容差异。我们相信，每一个生命都值得被尊重，每一份努力都应该被鼓励。**

▸▸让我们都心存善良，用这份美好去拥抱世界。让善良成为我们行为的准则，成为我们与人相处的方式。

▸▸心存善意的人，眼中处处是可见的快乐，是可以捕捉得到的幸福，于是，他总会活成岁月钟爱的模样。

▸▸无论山高路远，无论雨雪风霜，只要心存善意，在我们前行的道路上，就永远会充满温暖，充满勇气与光亮。

▸▸因为有善良存在，所以，山河展颜欢笑，大地绽放光辉，遭遇艰难险阻的人，也能够望见希望的曙光。

▸▸善良的心，能感知他人的痛苦，能伸出援手给予帮助，能在黑暗中点亮希望的烛火。

5

不知宽恕什么，诚觉世事尽可宽恕

▸▸ 倘若一个人能够对他人的冒犯抱以原谅与宽容的态度，那就足以证明，他的内心境界已达到了超脱于任何伤害之上的高度。

▸▸ 永远都要以宽广的胸怀去宽恕每一个人，一次又一次地给予他人谅解。要知道，这世上没有一个人是无可指摘的，每个人都有需要被包容的地方。

▸▸ 若连你自己都无法宽恕自己，别人又怎么会宽恕你？但一个人只有在他自己真的能宽恕别人时，才能宽恕自己，所以你若已真的宽恕别人，别人也同样宽恕了你。

▸▸ 无法宽恕别人者不值得被宽恕。

宽恕，是心灵的一场自我救赎。它并非忘却伤害，而是选择放下怨恨，让心灵从痛苦的枷锁中解脱，重获自由与宁静。

倘若你能够以宽容之心对待他人，那么你便不会觉得自己与他人处于对立的立场。

一个人若期望他人能宽恕自己的过错，那他也理应以同样的方式去对待别人。唯有如此，才合乎情理。

在我的生命历程中，究竟要怎样做才能拯救他人的生命呢？答案其实很简单：“我一定要学会宽容谅解。”不仅要宽容他人，更要宽容自己。

宽恕不等于接受。宽恕他，不是接受他做的那些伤害她的事情。宽恕他，只是卸下心里的包袱。宽恕一个人，就是不再与他有牵连。没有了牵连，从今以后，才可以过新生活。

对于那些处于弱势的人而言，要原谅他人所犯下的恶行，需要付出巨大的努力，但至少能够让自己从对他人的憎恶所带来的痛苦中挣脱出来。倘若实在无法做到宽恕，那起码试着将那些恶行忘却吧！

- 当遭受到伤害时，选择宽恕远比寻求复仇要高尚得多，选择鄙视比费尽心思去雪耻更具气度。

- 当你能以豁达光明的心地去宽容别人的错误时，你的朋友自然多了。

- 爱的真谛在于去关爱那些难以被爱的人；宽恕的内涵在于包容那些令人难以释怀的过错；信仰的价值在于坚信那些令人难以相信的事物；希望的力量在于即便身处绝境，内心依旧怀揣着希望的火种。

- 有很多和你想的不一样的人，有很多甚至和你背道而驰的人，但是他们不一定就是错的，眼里要放得下和你不一样的人，心里要盛得下和你不一样的想法。

唯有学会宽恕，以一份世事尽可原谅的心境去对待伤害，我们才能消解所有怨恨，度己亦度人。

宽恕的力量是非常强大的，它可以扭转很多事，也可以彻底改变一个人。以一颗宽恕的心去对待所有：放下该放下的，原谅该原谅的，成全该成全的。终有一天，你的人生境界会因为宽恕得到升华，这世上也再不会有什么苦闷怨恨，能困住你的心。

真正的宽恕，并不是无奈的妥协，而是一种高尚的选择。它让我们超越仇恨，以更广阔的胸怀去理解他人，从而让我们收获内心的平和与喜悦。

宽恕是心灵的良药，能治愈曾经的创伤，让我们在原谅他人的同时，也放过自己，开启新生活的大门。

宽恕并非易事，但当我们选择宽恕时，便是在为心灵减负，为灵魂注入新的力量，让我们能够以更轻盈的姿态前行。

- 宽恕别人的过错，其实是给自己的心灵一片广阔的天空，让我们能够在这片天空下，自由地飞翔，享受生命的美好。

- 一旦我们学会宽恕，世界在我们眼中就会变得更加美好。因为宽恕不仅温暖了他人，更点亮了自己内心的灯塔。

- 宽恕是一种力量，它能治愈伤痛，让我们的内心充满阳光与希望。

- 我们应在心田播种宽恕，收获和谐。

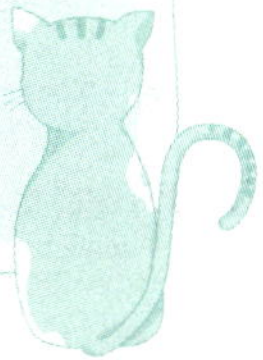

6

种自己的花，爱自己的宇宙

- 我衷心期望，这世上的每一个人都能够最大程度地展现出真实的自我，依照自己内心所向往的方式去度过一生，而非一味地沿着父亲、母亲或邻居走过的老路，庸庸碌碌地度过此生。

- 人的一生，目标就在于让自己独特的个性充分释放活力，宛如饱满的花蕾在阳光下肆意地绽放。

- 要知道，生活的模样多种多样，我们所看到的、经历的仅仅是其中的一种形态罢了。勇敢地去探寻属于你自己独一无二的生活方式吧。

- 生活吧！过属于你的奇妙的生活！点滴都别浪费。

- 当你在追逐梦想的道路上奋力前行时，切不可为难自己，要顺着内心的意愿，去做那些你渴望尝试的事，去爱那个让你心动的人，去成就一番属于自己的辉煌事业，如此，人生方能少些遗憾，多些圆满。

▸▸去做自己内心最渴望做的事情，去过自己心心念念的那种生活，内心宁静平和，又怎么能被视作是在糟践自己呢？成为一名声名远扬的外科医生，每年能赚取一万英镑的收入，再迎娶一位容貌姣好的妻子，这样就等同于成功了吗？我觉得，这完全取决于你对生活意义的独特理解，取决于你认为自己对社会应当承担怎样的责任，以及你对自身有着怎样的要求。

▸▸不跟别人的生活相比，享受你自己的生活吧！

▸▸学会过生活，不需要家财万贯，只需要一种化平凡为神奇的创意和让自己活得快乐的意愿而已。

▸▸一个人要做到哪些才不算白活：喜欢你喜欢的，打败你不喜欢的，活过你讨厌的。

▸▸人最大的“任性”就是不顾一切坚持做自己喜欢的事，只有这样，人才可以说，我这一生不虚此行。

▸▸放下顾虑，抛开束缚，向着心中的向往前行。在岁月的长河中，坚定地活成自己想要的样子，成为自己人生的主宰。

▶▶ 不要让生活的琐碎磨灭了你的热情，不要让外界的喧嚣淹没了你的梦想。努力奋斗，成为自己，书写属于自己的传奇。

▶▶ 我们每个人都可以成为这个世界上的一道光。我们无须羡慕他人，只需要相信自己的力量，相信自己的价值，努力成就光芒万丈的自己。

▶▶ 我们不要被世俗的框架束缚，不要被他人的眼光左右，我们要倾听内心的声音，追随梦想的脚步，活成自己想要的样子，那才是真正的成功。

▶▶ 静静地去过自己渴望的生活，我们于阳光下灿烂绽放，在风雨中奋勇前行，我们要做属于自己的梦，走自己选择的路。让我们以心甘情愿的姿态，去过随遇而安的日子。

▶▶ 活成自己想要的样子，是一场与自己内心的对话，是我们对内心渴望的回应。无论路途多么崎岖，只要我们方向明确，终能抵达理想的彼岸。

▸▸种自己的花，爱自己的宇宙。我们不必羡慕他人花园里的芬芳，你的花朵自有独特的魅力。让我们用心呵护自己的世界，让自己的星辰闪耀着自信的光芒。

▸▸每个人的心中都有一幅理想生活的画卷，只有我们勇敢去描绘，去实践，才能活出自己真正想要的样子。让我们的梦想照进现实吧！

▸▸我们终其一生寻找的，应该是自己喜欢的生活和想成为的人。所以，多走点弯路没关系的，花很多时间在路上也不要紧的，和世俗或别人期待的不一样也可以的，只要你在成为你的路上就够了。

▸▸一个人最佳的状态：不指望任何人，不羡慕任何人，不小瞧任何人，不嘲笑任何人，不依赖任何人，默默地奋力拼搏，活成自己心仪的模样。

▸▸余生很贵，不能浪费，从今天起，努力活成自己想要的样子。